不必丟東西也能整理「只要集中就好」的新常識

Before

餐桌與客廳桌上都放滿了東西。

After

確保通暢的走道和能邀客人上門的清爽空間。

古堅式的整理就是
能一秒拿出所需物品

Before

廚房前放置著大型玻璃櫃，裡面和上面都堆滿大量雜物。

After

拆掉中間的櫃門，移到餐桌附近。常用的東西一秒就能拿出來。

因為是心愛的物品，
一定要美美地擺飾出來！

Before

明明很喜歡這些杯子，卻因堆疊太多，不容易取出使用。

After

用ㄇ字型的透明壓克力層架整理，變成迷人的漂亮餐具櫃了。

為物品另尋存放場所，
實現讓屋主放鬆的空間。

Before

到處都是玩具，
還變成曬衣場的
客廳。

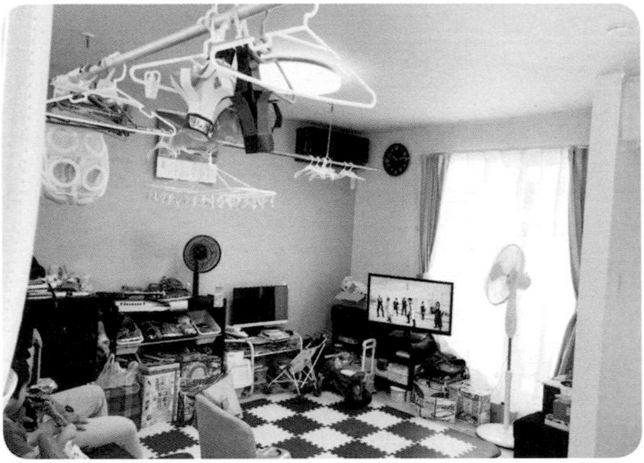

After

把孩子們的遊戲區和曬衣場遷移到別的房間，客廳重返家人放鬆休憩的空間。

囤物族的不丟東西整理術

別再叫我斷捨離！只要挪動空間就OK！不復亂的收納魔法

日本第一空間治療師
古堅純子 著
邱香凝 譯

前言——
我們為了什麼而整理？

在本書的開頭，請容我先問各位一個問題。

大家都是為了什麼而整理呢？

也許會有人說「想讓家裡變乾淨」，或是「因為屋子太亂了很慚愧」，甚至還可能有人說「不希望自己死的時候給子女添麻煩」。

我們到底為了什麼而整理？

我認為，應該是為了讓自己在家過得開心又幸福。

整理不是目的，而是方法。把家整理乾淨不是目的，想想自己把家整理乾淨之後想做什麼，要怎麼做才能過著開心幸福的生活，這才是最重要的事。

可是，一旦把整理視為目的，那就永遠整理不完了。家每天都會弄亂，每次都要整理。

直到死前一刻都還喊著「得整理乾淨才行」，這樣的人我看過太多了。看到有些銀髮族說要進行「臨終活動」，把過去眷戀的東西處理丟棄，或是子女勉強高齡父母丟掉家中的東西。這種整理方式讓我看了心痛不已。

為了不給人添麻煩，或在死前「處理好自己的東西」，只為了這種原因而整理，豈不是太悲哀了嗎。

我們不要再做這麼悲哀的事了好嗎？

若問我為了什麼而整理，我會說，整理是為了過幸福的生活，為了讓自己在家能開開心心。尤其是長時間待在家裡的銀髮族。

因為家裡亂七八糟而不想待在家的人；和家裡整理乾淨、待起來舒舒服服，每天開開心心的人，哪種人的人生比較幸福？

家的模樣，能將人生品質變得完全不同。
該怎麼做，日子才能過得安詳又健康呢？
正因為銀髮族待在家裡的時間很長，看待「整理」這件事的觀點更為重要。

我想在這本書中倡導的觀念，將推翻過去所有整理書的概念。

①東西不丟也沒關係。
②比起物品，更重要的是空間。

就是這兩個觀念。想讓銀髮族保留對家的眷戀，又能在家中過著開心幸福的生活，我認為這是不可或缺的兩個整理觀念。

移動東西，就能得到空間。

有了空間，就會動心。

心一動，人生便得以改變。

這是我從長年的整理工作中發現的真理。

明明只要這樣就好，卻有很多人搞錯目的，像跑一場沒有終點的馬拉松似地、不管怎麼整理都沒有結束的一天。

無論活到幾歲，只要抱持著對未來的「夢想與希望」，就能懷著幸福的心情度過每一天。我想在本書提倡的，就是能幫助我們達到這個目標的整理術。

我衷心期盼所有人都能雀躍地迎向整理任務，笑著說「還是在家最幸福」、「最喜歡這個家了」，希望大家都能過著這樣幸福的生活。

囤物族的不丟東西整理術

別再叫我**斷捨離**！只要**挪動空間**就OK！**不復亂**的收納魔法

目錄

第五章　說服父母整理時的魔法咒語　177

第一章　東西不用丟也沒關係！

比「丟東西」更重要的思維

我在二十幾歲時進入家事代理公司，之後便持續站在整理與掃除的第一線，總共打掃了超過五千個家庭。

近年來增加特別多的案子是「生前整理」和「老家的清理」。事實上，二〇〇六年第一個使用「生前整理」這個詞彙的人就是我。當時，我協助了不少被物品淹沒、與物品搏鬥，以及為了要不要丟掉物品而煩惱的銀髮族、高齡者及其家人，從而誕生了這個詞彙。

在協助眾多家庭進行「生前整理」與打掃工作的過程中，我得到一個結論。那就是：整理高齡者的家或協助銀髮族做生前整理時，若是堅持丟掉東西，問題便永遠無法解決。

要知道，上了年紀的長輩所擁有的東西數量不是普通地多，要他們對著每樣東西區別「需要」、「不需要」是一件多麼消耗能量的事，超乎你我的想像。要他們做這種事，壽命肯定會先縮短。

再者，就算處理掉大量物品，把家整理得只剩下機能性，住在裡面的人也未必幸福。反而會因為有著長年情感的東西被丟掉，導致老人家心情太寂寞而影響健康，真的縮短了壽命。

此外，最近在高齡長輩間流行的「臨終活動」，在我看來也是個太哀傷的詞彙。只因為「不想給留下的家人添麻煩」這種理由，銀髮族們不得不丟掉自己最喜歡的嗜好、收藏品或紀念品，這種事我也看過太多了。

「老師，這個得丟掉才行對吧？」有位獨居女士這麼說著，把她珍藏許久、承載海外旅遊美好回憶的紀念品丟掉了。

為什麼非得在人生的晚年做這麼悲傷的事不可呢？上了年紀的長輩們一生努

力打拚，就不能讓他們晚年時在自己喜歡的東西圍繞下，過自己喜歡的生活嗎？就當作是給他們辛苦一生的獎勵吧。

若問我為了什麼而整理，我會說，是為了過幸福生活。為了開心度過在家的時光。

①東西不丟也沒關係。

②比起物品，更重要的是空間。

我在這本書的前言中，介紹了這兩個嶄新的觀念。

或許會有人認為「到底在說什麼啊？」首先就讓我簡單介紹這兩個觀念吧。

勉強丟掉東西，只會帶來不幸

首先，第一個重點是「東西不丟也沒關係」。

過去幾乎所有關於整理的技巧，都是在講「如何面對物品」的訣竅，想盡辦法要減少、丟掉、整理，還是收納物品……

從這個觀點來看，東西是非減少不可。為什麼這樣說呢？因為東西一多，收納空間就不夠了。

然而，愈是上了年紀的人，擁有的物品愈多，對物品的依戀也更深。如果是未來日子還很長的年輕人，今後還有許多得到新東西的機會，也可能會再對其他物品感興趣，就算丟掉一些手邊的東西，心情也不會受到太大打擊。

可是，到了一定的年紀，過去的回憶與榮耀，將成為支撐自己活下去的重要憑藉。

那些看在別人眼中只是破銅爛鐵的東西，對當事人而言，可能是與重要回憶相關、無可取代的物品。要他們放棄那些東西，等於跟過去閃閃發亮的自己說再見，那是很痛苦的事。

「這東西還要嗎？不需要了吧？這種東西！」

我經常看到為人子女一邊說著這種話和父母吵架，一邊整理東西的情景，而上了年紀的長輩因為不想給孩子添麻煩，只好什麼也不說地忍耐著。這麼殘忍的事，就算是骨肉相連的親子也不該做。此外，也會有銀髮族的長輩說服自己「這些東西非丟不可」，強忍著不捨的心情來清理自己手邊的物品。

但是，對上了年紀的人而言，丟掉那些感情深厚的物品就像割掉自己一塊肉。到底有什麼必要非做如此不幸的事不可？

曾經有這樣一個例子。一位與兒子媳婦住在一起的八十幾歲老太太，為了改建房子，必須搬到其他地方暫住一段時間。然而暫住的居所空間狹小，老太太必須把自己手邊的東西做一番清理。

可是，老太太卻遲遲無法開始整理。畢竟，現在這個家是已逝的丈夫當年為家人蓋的房子，對住在裡面超過半世紀的老太太來說，這個房子就等於是她的人生，充滿這輩子的無數回憶。家中每一樣物品都承載了家庭與家人的歷史，要她說丟就丟是不可能的事。

眼看搬家的日子一天一天逼近，老太太的身體卻垮了，不得不住進醫院。這對老年人而言是常見的事，那些充滿感情的物品，就像她身體的一部分，一旦勉強她清理那些東西，身體自然就出問題了。

老太太的家人委託我在她住院期間整理家裡的東西。雖然我不太想在當事人不在場時進行整理，但她兒子是我多年的客戶，拆除舊家的日期又迫在眉睫，我只得一邊和老太太的兒子、媳婦討論，一邊著手整理。

之後，舊家順利拆除，重新改建了新家；老太太出院後，也從暫住的地方搬進新家。但是，那裡已經沒有她長年熟悉的物品，取而代之的是嶄新又陌生的家電、家具與餐具。

那裡不再是充滿她人生回憶的空間。不知道住進新家的老太太心裡是怎麼想的。

搬進改建新家的半年後，老太太就生病過世了。「最後能讓奶奶住在那麼乾淨漂亮的家，真是太好了。」家人這麼說著感謝我幫忙整理，我心中卻總有個說不出的疙瘩。

「老太太說不定希望我留下更多東西。」我一直感到後悔，要是當初能多和她聊一聊就好了。

與其「丟掉」，不如「集中」

如果長輩不願意，就不能強迫他們丟掉東西。用強迫的方式，肯定會讓長輩的身心出現狀況。

正因為手邊有寄託心靈的物品，長輩才能安心過生活，若是他們抗拒丟掉，實在沒必要硬是強迫他們放棄那些東西。

有些銀髮族會說自己是在做「生前整理」或「臨終活動」，勉強自己把多年來的收藏、最喜歡或最講究的物品丟掉。

勉強自己丟東西，事後肯定會後悔，內心湧現一絲寂寞，心想「早知道就不丟了」。和物品分開，會削減長輩的活力。

「可是，要是繼續說這種話，整理就完全無法進行啦！要在不丟東西的狀況下整理家裡，根本是不可能的事。」或許有人會這麼想。但是，別擔心。

我有個大膽的建議，與其丟東西，不如「把東西集中起來」。不是「丟掉」，而是「集中」。

比方說，如果地板上到處有散落的物品，那就姑且把它們集中掃到房間的一角；也可以清出一個專門放東西的房間，把物品集中放在那裡。再怎麼不行，藏到沙發後面或塞進空壁櫥裡也沒關係。

詳細訣竅，我會在第三章清楚說明。總之，請不要以「丟掉」為前提，先記住「集中」的法則。這麼一來，任誰都不會抗拒，應該就願意動手整理了。

採用這個做法，可以避免為「要丟不丟」而爭吵，也不用煩惱到底要不要丟，省下篩選與丟棄物品的力氣，又能在短時間內改變房間的模樣。總之，先試試看把東西集中起來吧，做這件事的門檻很低的。

為什麼要把東西集中放置呢？因為要製造出空間。這個「製造空間」，就是我想出的整理第二個重點。

「光是把東西集中放置，稱不上是整理吧！」可能也會有人這麼想，反正不管如何，建議你先試試看就對了。

原本被物品淹沒的地方，暫時變清爽了，光是這樣，就能帶動很大的效果。就當作被騙，總之先將物品集中放置，製造空間出來吧！這麼一來，整理工作將踏出驚人的第一步。

當然，光是把物品集中放置，並無法減少物品的數量。「集中放置」充其量只是一種「緊急避難」，只能說是整理剛開始的一步。

只是，不侷限於高齡者，任何家庭都可以從這一步開始；不但容易進入整理情境，對日後的幸福生活也有幫助。這是我從過往經驗中得到的結論。

多出「空間」就會動心，人生也跟著動起來

擺滿物品的家沒有空間。因為屋裡的人只要哪裡一多出空位，立刻就會把東西放上去。

住在堆滿物品環境的人，不知道空間的好處。這就是為什麼，只要先把東西集中放置、清出空間來，就會產生驚人的效果。

不丟掉東西，只是先集中放置，就能製造出新的空間。如此一來，過去不曾發現空間有多美好的人，也能立刻察覺。

舉例來說，試著把一個堆滿雜物到寸步難行的房間裡的東西，移動到另一個地方，讓空間變清爽吧。

即使原本嚷著「看得到東西才放心」或「不在乎髒亂」的人，只要讓他看到清爽無雜物的空間，瞬間就會動心了。原本雜物愈多的人，對這種落差愈容易

心動。

一旦看到乾淨的房間，內心就會湧現欲望。「一直想試著這樣做」、「想把家具做這樣的配置」，應該會產生這種雀躍的心情才對。不只如此，人還會變得積極，並將這份積極轉化為「想要享受更多人生樂趣」的能量。

「什麼嘛，就只是這樣的話，也沒什麼大不了的啊！」不懂得空間價值的人才會這麼說。

我們太小看「空間」了。

就我整理過多達五千個家庭的經驗來說，整理房間，製造出清爽空間的瞬間，變化就會降臨在屋主身上。

眼神發光，露出開心的表情。毫無疑問，空間令人動心了。

看到堆積如山的垃圾袋時，誰也不會心動。但是，一個脫胎換骨的空間，一定能打動人心。

把原本玩具散落一地的兒童房整理乾淨，家中多出了空間，孩子們立刻就會高興得團團轉。

一把堆滿雜物的客廳清空，原本老是關在自己房間的先生也開始安心坐在沙發上放鬆了。將被餐具及食品調味料塞滿的廚房整理得整齊順手，太太高興得哭起來，幹勁十足地開始為家人做菜。

移動東西，就能得到空間。
有了空間，就會動心。
心一動，人生便得以改變。

站在把東西集中移走後重獲新生的空間裡，會讓人想起踏進空無一物新家時的心情。對即將在那裡展開新生活的期待、對未來的希望，還有興奮雀躍的心情。

清清爽爽、什麼都沒有的空間，擁有不可思議的力量，會刺激人們產生「在這裡展開什麼吧！」的積極欲望。

正是這份「積極」，促使人們主動整理東西。我說要製造空間的目的就在這裡，換句話說，要刺激人們產生主動整理東西的積極欲望。

主動說出要打造自己工作室的八十三歲老婦人

清出空間後，事情就產生了驚人的發展，這樣的情形，我在整理工作的第一線上，不知道親眼目睹過多少次。A夫婦家就是其中一例。八十出頭的A夫婦，兩人住在三房兩廳的寬敞公寓中。

但是，這間公寓到處堆滿雜物。夫婦倆對我提出「不丟掉任何東西」的要求，於是我姑且清出北側的一間房間，當作暫時的「置物間」，不丟掉任何東西，只是集中移到這個房間放。

剩下兩個房間，我重新打造成什麼都沒有的清爽空間，分別當作先生與太太的房間。對夫妻倆來說，至今生活在被物品佔據的狹隘家中，過著動不動就撞到東西的侷促生活，作夢也想不到能擁有自己專屬的房間。

這麼一來，原本堅持「什麼都不想丟」的他們身上出現了變化。兩人忽然開始說：「那個不需要了」、「這個也不用了」。看來，好不容易能擁有自己的房間，他們也不想再從置物間裡把自己的東西搬進來，拒絕再住進塞滿物品的房間。

就像這樣，先把東西集中放置某處，製造出美好的空間，案主就會產生「想打造更接近自己理想房間」的欲望，自然能夠認同丟掉空間裡不需要的東西了。因此，我在整理時，絕對不會說出「丟掉吧」。

我之所以說「空間比物品更重要」，就是因為：只要製造出空間，自然會產生「減少多餘物品」的心情。

無論幾歲，
都能打造夢想空間！

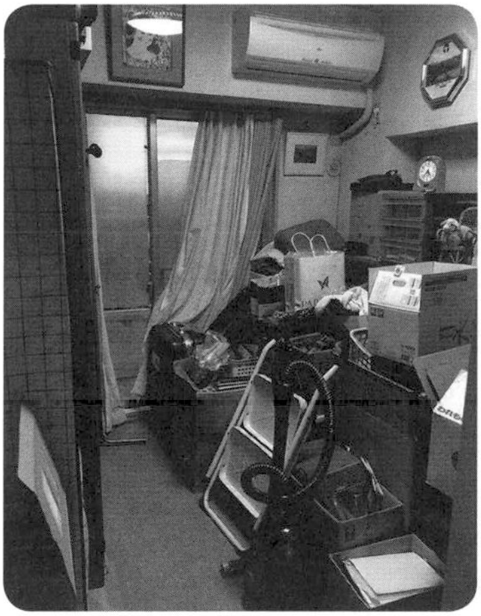

Before

置物間

夢想中的工作室

After

在這個案例中，接下來更有出乎我意料的驚人變化。當我們將「置物間」裡的東西適度丟掉一些，再移動一些到各自專屬的房間後，置物間裡也誕生了新的空間。此時，曾是花藝老師的A太太忽然說：「想把這裡打造成自己的工作室。」太太當時八十三歲，身體活動也不太自如；因此，原本或許認為今後再也無法創作新作品，更別說是指導學生了吧。

沒想到，只不過清出了一個房間，製造了新的空間，就讓她重新懷抱「能在這裡做點什麼」的夢想。

「我想在這裡打造一個工作室。」只見A太太的眼神閃閃發光。看到她的表情，我也嚇了一跳。笑著說「這是八十三歲的冒險呢！」的她，臉上的表情和我最初見到時已經完全不同。

曾幾何時，在學生們環繞下精力充沛地從事花藝創作的老師，充滿自信的表情，重新回到A太太的臉上。

喚醒她「想打造一個工作室」欲望的原因無他，正是因為先製造出了「能在這裡做點什麼」的空間。

只是將東西集中放置也無妨，總之先清出一個空間。我之所以這麼強調，就是因為什麼都沒有的「空間」，能喚醒人們對未來的潛力與希望。

移動東西，就能得到空間。

有了空間，就會動心。

只要一動心，生活、人生與人際關係都會跟著動起來。

第二章　把整理從苦行變期盼

把整理變成期盼的策略

住在雜物堆裡的人討厭整理。為什麼討厭呢？因為篩選東西、非丟不可，對他們來說是非常辛苦又悲哀的事。

丟棄東西需要消耗龐大的能量，因為身邊的東西都是自己認為需要才放在那裡的；簡單來說，那些東西基本上都是自己所喜歡的。

經常看到住在垃圾屋裡的人，對著那些看起來像是垃圾的東西說：「這是我的寶貝」、「這東西很重要，不能丟掉。」他之所以蒐集那些物品，當然是因為喜歡或對那些物品感興趣。要他下定決心丟掉，需要相當大的勇氣。

再者，老是想著「非丟不可」、「非丟不可」，身體只會愈來愈不想動。比方說，總是惦記著：「得把那堆紙箱丟掉才行」，到最後光看到那堆紙箱就厭煩，乾脆把紙箱藏到看不見的地方，眼不見為淨。沒錯，這麼做只是把「整理」這件事封印起來而已。

我在為高齡者或銀髮族整理家裡時，絕對不會讓他們懷著義務感、受到強迫或以厭惡的心情投入清理工作。要是這麼做，老人家大概整理一小時就筋疲力盡了；一個弄不好，還會危害到他們的健康，這是非常不幸的事。

我一定會讓每一次的整理，都在「期待雀躍的心情」下展開。這叫做「夢想與希望大作戰」。

首先，我會問住在那個家裡的人「想做什麼事？」有什麼夢想或希望。

把房子整理乾淨不是目的，期待在整理乾淨之後的空間裡做什麼，才是我提問的焦點。

想怎麼打造這個家？

想在家裡做什麼事？

打造成怎樣的空間，才能讓你產生雀躍、期盼的心情？

在開始整理之前，必須先釐清這些問題。

經常聽到的答案是：「想住在跟室內裝潢雜誌上樣品屋一樣漂亮的房子」或「想把家裡打掃乾淨」。

可是，最重要的不是整理，而是整理之後的事。就算真的把住家打理得跟樣品屋一樣，住在裡面真能產生雀躍期盼的心情嗎？住在怎樣的空間，做哪些事才會感到幸福？把房子整理乾淨之後的夢想是什麼？這才是最重要的事。

若是缺乏這個觀點，好不容易整理乾淨的空間，馬上又會擺滿了雜物。對家中滿是雜物的人來說，一看到空位就會放東西，這是他們的壞習慣。

為了什麼整理這個空間？在這空間裡想做什麼？這才是整理的目的。

不可忘記「懷抱夢想與希望過生活」的目的。

比方說，想邀請朋友來家裡優雅喝茶，那就得把心愛的茶杯和茶碟放在隨時能拿出來用的地方；想在家中安靜閱讀，就得把書櫃和書本整理好，用容易查找書名的方式擺放，使用起來才方便。

這麼一來，才能打理出對當事人而言「過想過的生活」及「實現夢想與希望」的空間。

決定好想做的事之後，再配合這個主題選擇屋內的物品。因為整理的目的是實現夢想及希望，整理時篩選物品的過程也變得有趣。假設夢想是「打造一間工作室」，那麼用不到的健康器材、尺寸早已不合卻想著「有朝一日說不定能穿」而保留的衣物、別人送的鍋子（但下廚不是自己的嗜好）等「不需要」的東西，立刻就能做出丟棄的判斷。

那些未經深思而保留至今的物品，在完成實現夢想的空間後，其他不相干的東西就像是褪色般瞬間失去光彩。

朝「實現夢想與希望的空間」直線前進吧！如果是這樣滿懷雀躍與期盼的整理工作，一定立刻就想動手實行。

不知道「想做什麼」時

不過，不可否認的是，很多人無法立刻說出想怎麼整理自己的家，想在家中做什麼，或是希望打造出怎樣的空間。

前往高齡者、銀髮族家中時，就算問他們：「想把家裡整理成什麼樣子？」多半也只換來一副錯愕的表情。

「我都這把年紀了，現在還談什麼夢想與希望啊？」也常有人這麼說。雖非出己所願，在堆滿雜物的空間裡生活那麼多年，漸漸也搞不清楚自己想做什麼、想住在什麼地方、該怎麼做才能滿懷雀躍期盼地生活了。

在這種時候，我經常採取的做法是：留意這個家中數量最多的物品是什麼。因為每個家中都有「喜歡的東西會增加得特別多」的傾向。

像是喜歡釣魚的人，家裡會有很多釣竿等釣具；喜歡做菜或吃東西的人，家裡就有很多鍋碗瓢盆；有很多咖啡杯或酒杯的人家，多半是喜歡邀請客人上門聊天喝酒的家庭；衣服及配件特別多的家庭注重時尚，喜歡打扮得漂漂亮亮出門玩。就像這樣，以居住者最喜歡的物品為中心來思考，協助屋主懷著雀躍期盼的心情來整理。

有一次，我去某位獨居老太太家中幫忙整理。那個家裡的雜物非常多，多到沒有地方走路。其中最多的是日式茶杯，隨便數一數就超過一百個。

「阿姨，你喜歡喝茶嗎？」我這麼問。「沒有啊，也不是特別喜歡，但如果客人來家裡，就得泡茶給客人喝啊！」她這麼回答。我想，她應該是喜歡請鄰居上門喝茶閒聊。

或許有人會說，即使如此也用不到一百個茶杯吧？又不可能同時有一百個客人上門。但是，這麼說就沒戲唱了，無法使用「夢想與希望大作戰」。

我對那位老太太這麼說：「既然如此，我們把這個家改造成漂亮的咖啡館，讓更多人想上門陪您喝茶吧？」

老太太一臉不安地說：「這個家真有可能改造成那樣嗎？」我說：「沒問題的，接下來我們一起整理，打造出像咖啡館一樣漂亮的家吧。」在我的鼓勵下，老太太忽然露出雀躍期盼的表情。

整理到一半時，她先是說：「真的能像咖啡館一樣嗎？」，後來又說：「不如我真的來開間咖啡館吧！」腦中的想像不斷膨脹。最後，她開始說：「咖啡館不需要這種東西」、「這東西和我的咖啡館不搭」，陸陸續續丟棄了不需要的物品，最後竟然清出重達一噸的垃圾。

不知道自己喜歡什麼，不知道想打造怎樣的房子或是空間，這種時候，只要問：「最捨不得丟什麼東西？」就好。

愈是怎麼也丟不下手的物品，或是直到最後仍堅持留住的物品，愈可能是當事人喜歡的東西，與他想做的事相關的機率也愈高。從這方面下手，就能看見整理的希望之光。

無法放棄最愛的東西

清楚什麼是最喜歡的東西之後，就開始想像如何運用這些物品，打造一個能做最喜歡事情的空間，並且想像自己在那空間裡過著充滿雀躍與期盼的生活。就以這樣的空間為最終目標，著手整理。

丟棄物品不是最終目標。運用喜歡的東西過生活，過著幸福的生活，這才是整理的最終目標。

有這樣一個例子。那是家中有著一對年幼兒女的家庭，父母都得工作，屋子裡到處都是孩子的玩具、待洗衣物、吃剩的零食，或是從幼兒園帶回來的用品。孩子們的父親工作繁忙，總是忙到接近深夜才回家。如此一來，能夠準時下班的母親必然得一肩挑起家事與照顧子女的責任。

看得出家裡到處都是母親為家事育兒奮鬥的痕跡，無奈這位媽媽仍不敵精力充沛的子女，露出一副筋疲力盡的模樣。

我為這個家重新調整了家事動線，好讓她能在付出最少勞力的狀態下完成家事。不過，我想提的並不是這件事，而是如何為這位疲憊不堪的母親打造一個療癒身心的空間。

我在那間屋子裡，找到一個堆滿漫畫書的房間。「妳喜歡看漫畫啊？」我這麼一問，那位媽媽不好意思地說：「漫畫書太多了對吧？其實我已經丟掉不少了！」

我有點訝異：「可是妳不是喜歡看漫畫嗎？為什麼要丟掉？」她的回答是：「因為太多了，沒地方收納。」

這位媽媽一直在犧牲她自己。家中亂七八糟，客廳也到處是東西，一心想著非整理不可的她，卻因為還有全職工作，無法全心打掃。無可奈何之下，為了盡可能減少家中的物品，只好丟掉自己最愛的漫畫書。

「可是漫畫書也很重要，是妳最喜歡的東西，憑什麼非丟掉不可？妳的人生不該是完全為孩子而活的吧？為了孩子，妳就這樣放棄自己最喜歡的東西？那太悲哀了。我們來打造一個讓妳收藏漫畫書的地方吧？」

一開始，這位媽媽對我的提議露出半信半疑的反應。

用「打造書房」取代「丟掉心愛的漫畫」

為了找尋放漫畫書的地方，我環顧這個家，在屋頂下方發現一個閣樓空間。那裡放滿當初搬來時就堆著沒打開過的的紙箱，以及許多用不到的物品。

「放在這裡的，是你們很喜歡的東西嗎？」我這麼問。「不，沒這回事，我連裡面放了什麼都不知道。」因為她這麼回答了，我就說：「不如我們先把東西都搬下去看看。」接著，將這收納空間裡的紙箱和其他物品全部搬出去。

這麼一來，赫然發現這個收納空間足足有單人房那麼大。「把這裡打造成漫畫房吧？」我向這位媽媽提議，她嚇了一跳，一臉不安地說：「都是漫畫耶，真的可以嗎？」

「因為妳很喜歡漫畫不是嗎？偶爾也想要一個人安安靜靜看漫畫吧？」我這麼問。「是啊，會這麼想，所以搭電車時我常感覺鬆了一口氣，心想『終於可以獨處了。』」

「在電車裡獨處？」我覺得奇怪。「我不懂妳的意思耶。我指的不是電車上，如果在自己家裡能有這樣的空間，一定很開心吧？」

於是，我們將漫畫書搬上閣樓裡的收納空間，沿著整面牆擺放，再放上一張和室椅與檯燈。

這麼一來，就完成比漫畫咖啡館還舒適的小型漫畫房。眼看有了屬於自己的房間，這位媽媽高興得哭了起來。

就像這樣，打造出有心愛物品環繞的空間，就能在裡面度過一段幸福時光。或許有人會說「我家沒有那種收納空間！」「家裡沒那麼多房間！」沒關係，不是一間房間也無妨，只是找個角落佈置都行。

光是在客廳一隅擺放自己喜歡的東西，打造出一個專屬自己的角落，就能實現

將最喜歡的東西
集合在這空間裡！

Before

沒整理完、堆了
好幾年的東西。

After

被最喜歡的東西包圍，能夠一個人放鬆的空間。

夢想。

眼前的東西都是最喜歡的東西

話題回到那位喜歡看漫畫的媽媽身上。結果，原本放在閣樓收納空間裡的都是「不需要的東西」，這下全都清理掉了。話說回來，那些都是搬過來之後一次也沒用到的東西，當然不需要。

真要說的話，在丟掉最喜歡的漫畫書之前，應該先丟掉收納閣樓裡那些可有可無的東西才對。

可是，人在丟東西的時候，無論如何都會從眼前看到的東西開始清理。問題是，放在房間裡、視線範圍內的物品，往往都是自己所喜歡的東西，大家卻沒想到這一點。

衣服多到滿出來的人，多半是愛買衣服、喜歡打扮的人；正因如此，才會把衣服放在隨時看得見的地方，結果搞得整個房間都是衣服，努力丟掉衣服卻怎麼也整理不完，陷入惡性循環。

事實上，該丟棄的不是眼前的東西，而是先打造一個能用到這些東西的空間。為了達到這個目的，就會積極動手清理了。

既然喜歡衣服，那就試著把衣服漂亮地吊掛出來；喜歡咖啡杯、茶杯的人，不妨像咖啡館那樣陳列杯子。投入清理與整理時，重點是以「打造出能度過幸福時光的空間」為目標。

現在這個時代，「減少東西＝整理」的風潮正盛。然而，以丟棄東西為起點的整理方式，或是剝奪自己夢想的整理方法，在我看來都是不可行的。沒有夢想就感受不到幸福，所謂的整理，不該是叫人丟掉或放棄自己喜歡的東西，那樣只會過著冷清寂寞的生活。

我所協助整理的家庭，大家都樂於丟掉東西。但是，不是從「丟東西」開始下手，而是為了留下最喜歡的東西，讓那些東西發光發熱，大家才會心甘情願丟掉不需要的東西。

不以「丟東西」為優先要務，只要先打造出「讓喜歡的東西發揮作用」的空間，自然而然會跟著丟東西……。簡單來說，現在大家都顛倒順序了。

如何說動頑固老爹？

以前，我曾在某電視節目的企劃下，前往香港為一對九十歲和七十多歲的母子整理房子；提出委託的是七十幾歲老爹在日本工作的女兒，她希望能用古堅的方式來整理被雜物淹沒的香港老家。我想提提當時的事。

香港地狹人稠，一般人的房子坪數都很小，那對母子居住的也是由兩個一坪及一個三坪空間所組成的兩房一廳小公寓。

進入屋內後我大吃一驚。委託人七十二歲的父親就住在這狹小的房子裡照顧九十歲的奶奶，家中東西偏多，空間又小，但看得出來他已經盡力整理了。三坪大的餐廳裡，老爹板著臉坐在餐桌前，那裡似乎是他平日專屬的座位。這個房間裡堆滿了東西，一踏進門我就知道，這是個寂寞的家。

寂寞的人有蒐集東西的傾向，而且蒐集來的東西也捨不得丟；甚至可以這樣說，東西囤積得愈多，就代表這個人的內心愈寂寞。這位板著面孔坐在餐桌前的老爹，長久以來一定是靠大量雜物來慰藉寂寞的心情。

面對這樣的人，打死都不能要他丟掉東西，只要一說出這種話，他們瞬間就會關上心門，無論再說什麼他都聽不進去了。

這個家裡有堆成小山高的鍋子和食材，但是香港人其實是以外食為主，這對母子的三餐也幾乎都是老爹出門買回來的食物。

所以，他們根本不需要鍋子和食材。然而，無論如何絕對不能對他說：「不需要這麼多鍋子。」

家裡之所以有這麼多鍋子和食材，是因為他們想吃，想吃更多東西，想活下去；「能吃就是福」，這麼多的鍋子和食材就是這句話的象徵。所以，我得這麼說才行：「府上有好多鍋子和食材呢！不然這樣吧，我們把家裡整理一下，就能用鍋子來煮更多料理，讓大家一起圍著餐桌吃飯了。」

起初，老爹對來自日本、又語言不通的我滿懷戒心，而且他心裡一定生氣地想：我可沒拜託妳來多管閒事。

光是照顧自己的老母親就已經費盡心力，事到如今還要他整理家裡，門都沒有。他應該希望維持現狀，別來打擾他最好。

可是，我的最終目的並非清理這個家，我想做的是希望這對母子能過著更幸福、更有活力、也更開心的生活。我堅信，只要能讓老爹明白這一點，他就會改變心意。

「滿佈灰塵」其實是重視的證據

這時，我看見餐廳裡有個玻璃門的櫥櫃。

櫥櫃前方放了別的家具，櫃門打不開，如同死去一般完全失去機能。

最後一次打開櫃門應該是很久以前的事，從前透明的玻璃櫃門，現在已經髒到看不清楚裡面的東西，就連放在裡面的裝飾品也滿佈塵埃。總而言之，這個櫃子看來完全沒在使用。

可是，愈是這種看似碰也不碰的地方，存放的愈是屋主重視的物品。「沾滿灰塵表示不受重視」的想法是錯誤的，「正因為是非常重要的東西，才會放了這麼多年都沒去動它，直到滿佈灰塵。」

香港的這家人也是如此，櫥櫃中除了人偶等裝飾品之外，還有昂貴的威士忌及獎盃。在這空間狹小又充滿雜物，日常用品都快沒地方放的家裡，櫥櫃的玻璃門後竟特地放了洋酒與獎盃；我心想，這兩樣東西一定凝聚了老爹的驕傲。

至於我當時做了什麼呢？我將櫥櫃內雜亂放置的物品全部拿出來，把玻璃門櫥櫃擦洗得亮晶晶。

接著，我再將老爹自豪的洋酒與獎盃也擦拭乾淨，放進這宛如重獲新生的櫥櫃裡。為了提高櫥櫃的收納效率，我還調整了層板的高度，放進精心挑選的風水擺飾，打造出象徵這個家的空間。不只在日本，到任何國家都應該這樣重視當地的文化、風俗與價值觀。

至少要有一個「令人雀躍的空間」

起初看到我去碰那個櫥櫃，老爹立刻進入「憤怒模式」，要我「不准碰那裡」，他大概以為自己珍藏的東西會被我丟掉吧。

我想，也有可能是惱羞成怒，因為自己所重視的驕傲，竟然這麼骯髒地丟棄在那裏。

我一邊說：「老爹別擔心，我不會丟掉任何東西。只是把髒汙擦乾淨而已。」一邊擦拭櫥櫃，也把高級洋酒和獎盃擦得閃閃發亮。

此外，我發現櫥櫃裡可以點燈，於是立刻換了新燈泡，開啟照明，讓燈光照亮老爹的驕傲。

站在老爹的立場，這些象徵自己尊嚴的物品在燈光下閃耀著光芒，彷彿坐鎮在餐廳中，他看了當然很開心。

這時，老爹甚至興沖沖地說：「想快點請親戚來家裡坐坐。」要是家中仍跟過去一樣雜亂，根本不可能邀請客人上門；然而現在，閃閃發光的高級洋酒和獎盃放在家中最醒目的地方，光是這樣就滿足了老爹的自尊心，重拾起雀躍期盼的心情。

原本頑固的老爹態度漸漸溫和，最後還對我露出笑容。同時，整個家就像打通血路一般洋溢著活力。

家中任何一處都能打造成「夢想與希望」的空間，縱然只是收納櫥櫃的一個角落，只要整理乾淨，就能製造成令人雀躍期盼的空間。

盡可能嘗試在家中顯眼之處打造一個放置珍藏物品的空間，光是把這個空間打掃得乾淨美觀，心情就會積極正向，湧現想保持乾淨的意願。

我剛到香港時一臉厭煩排斥的老爹，到了我要回日本那天，卻像送別女兒般哭著向我道別；我和老爹合拍的照片，也被他珍惜地和獎盃一起陳列在櫥櫃中。「夢想與希望」的空間，使原本頑固的老爹判若兩人。

「空間」帶來可能性，引發生存的欲望

雖然先設定「幸福生活」的目標，再朝向目標著手整理的做法最為順暢，但如果動機真的很薄弱，先打造出一個空間再開始思考「夢想與希望」，也不失為一個辦法。

這是因為，「空間」本身就有無限的潛力。我在十年前開始自稱為「幸福居住空間治療師」，從拜訪過五千多個家庭的經驗中感受到，只要打造一個沒有多餘物品的清爽空間，就能為居住者帶來安詳或雀躍的心情，進而獲得幸福的生活。

換句話說，我很早就察覺空間的重要性；不過，當時我只隱約有著「將空間整理乾淨就能住得舒服」的想法，只看到空間的優點。但是，當我開始為長輩及銀髮族整理雜物眾多的房子，又再次認識到「擁有空間」是多麼重要的事。

追根究底，整理過的空間之所以重要，是因為這樣的空間能激發想像力，創造

新的可能。舉例來說，假設我們現在將一張餐桌清理成什麼都不放的「空地」（我習慣將零雜物的狀態稱為「空地」）。

這麼一來，人們就能在這張餐桌上做任何事：可以吃飯、可以讓小朋友寫功課、可以折疊洗好晾乾的衣服，也可以寫信給朋友；只要放上電腦，還可以用來辦公。

換句話說，只要有一個不放任何東西的空間，就能拓展「在這裡做什麼好呢」、「在這裡做那件事吧」的各種可能性。這將刺激人們產生積極向前的意願，引發正面情緒。

另一方面，假設餐桌上放著許多雜物，實際上桌面只剩下容納一人吃飯的空間，其餘都放滿調味料、文具、廣告傳單、收據或塑膠袋等東西，雜物多到看不見桌面的程度。在高齡長輩家中經常可見到這樣的餐桌。

除了能讓一個人單獨坐在桌邊用餐外，這張餐桌不具備任何功能，也無法激發想做任何事的意願與可能。

不是看到桌上的雜物心生厭煩，就是埋怨家人不幫忙整理，或是討厭無法整理的自己，心想著哪天非得整理乾淨不可，卻又一天拖過一天，最後只能放棄。不管是哪一種狀況，雜亂的餐桌景象都會變得理所當然，看到這樣的餐桌，只會產生負面情緒。

我之所以聚焦於「空間」，正因我知道從什麼都沒有的空間裡，會產生可能性、積極正向的意願與喜悅。

說得誇張一點，空間是帶來「夢想與希望」的能量泉源。

東西一多就令人厭煩，提不起幹勁；清爽無雜物的空間，則能令人頓時產生想做些什麼的意願。

空間就像湧出可能性與積極意願的「湧泉」，進而帶領人們擁有充滿活力的幸福人生。想要產生更多「想做些什麼」的意願，就必須整理出可以激發積極意願的空間。

第三章　為銀髮族規劃的輕鬆整理五步驟

再也不會累！整理的五個步驟

本章將詳述高齡者、銀髮族實際在家整理時的具體方法。如果想看到整理前後產生戲劇化的落差，過去我提倡的方法是「古堅式四步驟」；但是，這套方法只建議「想徹底減少家中物品」的人使用。

順便說明一下，「古堅式四步驟」的內容如下：

①拿出收納櫃中的所有東西。

②將東西區分為「現在用得到」和「用不到」。

③把「現在用得到」的東西放回收納櫃，「用不到」的東西收進紙箱。

④一年過後，如果紙箱完全沒有打開，就整箱丟掉。

就是這樣。使用這套方法來整理，東西的數量將急遽減少，留在收納櫃裡的東西也能整理得井然有序。

不過，以我長年的經驗來說，上了一定年紀的客戶在使用這四步驟整理房間時，往往都會在①的「拿出所有東西」和②的「區分東西」時遭遇挫折。因為他們從收納櫃裡拿出來的東西實在多得驚人，怎麼區分也分不完，而且看似沒有盡頭的任務又使高齡長輩疲憊不堪，結果不是從櫥櫃中拿出的東西散落整個房間，就是把好不容易拿出來的東西又全部塞回去。

因此，我後來又為高齡者、銀髮族提出「古堅式五步驟——銀髮族版本」。

①確保生命線暢通。

②重新檢視生活動線。

③將東西集中在一處。

④創造新空間。

⑤把常用的東西拿出來（不用勉強收起來）。

接下來，我將按照步驟詳細說明。

步驟①確保生命線暢通

・整頓生命線，防止物品壅塞

在開始整理前，如前一章所說，請先釐清自己整理的理由是什麼，目標的「夢想與希望」是什麼；目標設定好之後，再著手進行整理。

第一件要做的事，就是確保生命線暢通。這裡的生命線，指的是與「睡覺」、「吃飯」、「做家事」等維持基本生存及生活相關的路線。

換句話說，也可想成通往寢室、廁所、廚房或洗臉台等家中重要位置的通道。

生命線沒有整理好，就會發生「壅塞」（堆積東西擋路）的情況，容易引起焦躁情緒和意外事故。若生命線上已經放置了東西，在打造「夢想與希望」的空間之前，要先確定「睡覺」、「吃飯」和「做家事」的動線方向，重新檢視生活方式，否則會無法確保基本的生命安全。

・從通往各處的走廊開始

對銀髮族和高齡者來說，在走廊上放東西是很危險的事；高齡長輩連在家中都有可能發生意外，為了防範事故於未然，確保家中有條能安全通行的生命線，是整理住宅的必備條件。

具體來說，整理的第一步就是確保守護生命與安全的生命線，也是「夢想與希望」等自我實現的最低限度條件；必須先做到這一點，才能繼續著手之後的各項工作。

此外，日後開始整理時，難免需要移動東西，屋內的生命線同時也是物品搬進搬出時的重要通路。有時為了消滅病毒等棘手的病原體，也得在屋內進行消毒，此時就要保持通暢的生命線，才方便作業。

・走道要盡可能寬敞

這雖然是我個人的意見，原則上「想要過健康的家居生活，走廊就要盡可能寬敞」，若是走廊上放滿亂七八糟的雜物，居住者會因為活動不方便而懶得走動，結果總是待在同一個地方。

換句話說，家中空氣沈鬱停滯，住在裡面的人也會停滯不前；相反地，走廊保持寬敞，方便四處走動的話，人就能保持一定的活動力。能在家中行走自如，不但對腰腿比較好，活動時自由無障礙，心胸也會跟著開闊起來。

・移動走廊上的東西，或是集中放置

要一一區分放在走廊上的東西「需要」、「不需要」，是件非常耗費心力的工作。

很多人可能在這一步就受不了而放棄，所以為了保持走廊的通暢，只能以「確

保生命線」為第一優先，暫時將篩選東西的步驟往後延。

此時，可先將走廊上的東西移到另一個房間，如果家裡沒有多餘的房間，那就指定一個角落，暫且把物品集中放置；光是這樣，看起來的印象就會完全不同。關於東西集中放置的方法，在八十五頁將有詳細說明。

總而言之，要讓至今堆滿雜物、空氣不流通、動線不順暢的走廊重拾乾淨寬敞，人在家中能行走自如，心情自然會積極向上，想著：「不如把那邊的房間也整理乾淨吧！」湧現整理的意願。

視覺效果對住在家裡的人影響很大。首先，請確保能在屋內順暢移動的生命線，清理出能自由走動的通道之後，再著手慢慢清理物品。以整理步驟來說，這是比較容易動手的方式，和整頓城市時先鋪路的道理相同。

將電線束起來比較清爽

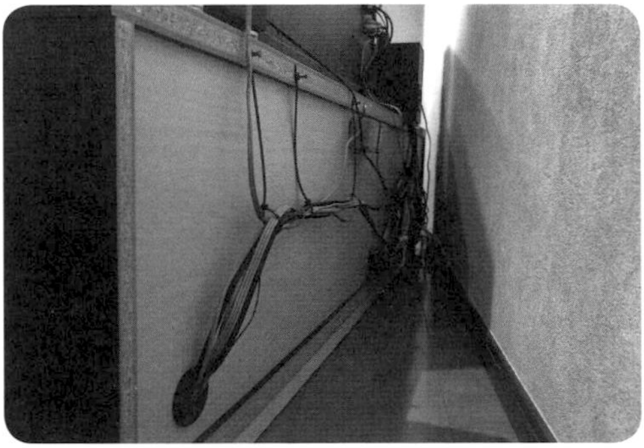

電線束在電視櫃後方的範例

・把容易造成意外的延長線掛在牆上

在銀髮族與高齡者家中經常看見延長線與充電器，不知為何，插在走廊插座的延長線總是拉得很長，充電器也永遠插在上面不拿下來。

腳邊一有東西，年長者就容易絆倒、骨折，所以最好不要讓延長線橫越過地面。

如果非使用延長線不可，建議將延長線吊起來，或是掛在牆壁上。電線類容易集塵，就這點來說，將延長線吊掛起來也有「不會踢到絆倒」和「好清理」的優點，可說是一舉兩得。

將充電器固定插在靠近地面的插座，每次使用都得彎腰或蹲下，對腰腿狀況開始出問題的銀髮族是不小的負擔。因此，最好把充電器插在與座椅差不多高度的插座。

我曾在整理某戶人家時，將插在走廊上的充電器移到床頭櫃上的延長線插座；雖然只是一個小動作，那家的男主人卻說：「這樣方便多了。」向我連聲道謝。現在市面上有很多隱藏延長線或電線的便利商品，請善用這些工具，將延長線及充電器移動到家具上方或吊掛在較高的位置吧。

步驟②創造方便移動的生活動線

・重新檢視已造成困擾的固定動線

生活動線就是每個家庭特有的移動方式。比方說，從起居室走向洗臉台，必須先繞過電視前面，或是從寢室去上廁所時，必須先繞著床走一圈等。

這類動線一旦「打結」，不但無法順暢搬動東西，也使人容易焦躁不耐煩，東西漸漸堆積，就會出現「擋路」的現象。

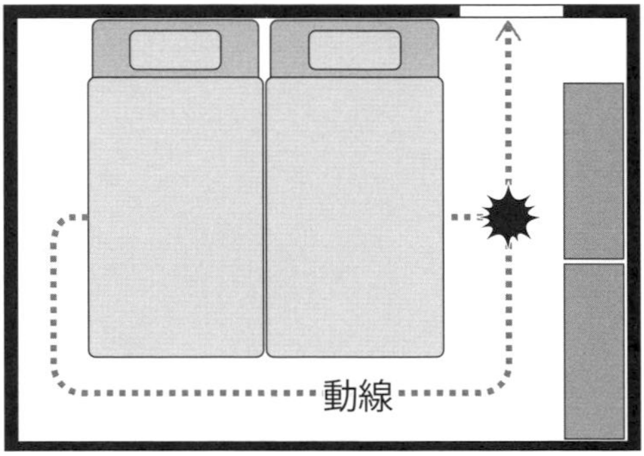

人與人的動線一衝突就容易累積情緒壓力。

更麻煩的是，生活動線一旦確定，就像形成一條「獸徑」，居住者習慣了這條動線，甚至沒意識到這條動線已經造成困擾，就這麼固定下來。

在某個家庭裡，夫妻倆的床舖幾乎佔據整間臥室，丈夫早上起床去廁所時，還得先沿著牆壁與床之間的夾縫，繞著床舖走一圈。

因為兩張床緊靠並排，當太太也要去上廁所時，兩人的動線就會起衝突。太太腳不好，走路時得使用步行輔助器，短短距離也要花上好一段時間才能走到。為了這件事，兩人每天早上總是心浮氣躁，先生從一大早就開始抱怨太太。

我的解決方法是，請兩人分房睡，錯開上廁所的動線，也就順便解決了兩人的爭執。

「家裡容易堆東西」、「夫妻老是吵架」，如果您也有這樣的煩惱，最好重新檢視家中的生活動線。

‧移動生活動線上的東西

既然生活動線是日常生活中經常使用的通道，在這些通道上順暢通行就成了十分重要的事。如果有東西阻礙動線，那就把東西移開；如果原本的動線太過於迂迴曲折，那就重新配置家具或改變房間的用法，調整成最短的移動距離。先決定好生活動線，屋內的物品才能就定位。

重新檢視
生活動線吧！

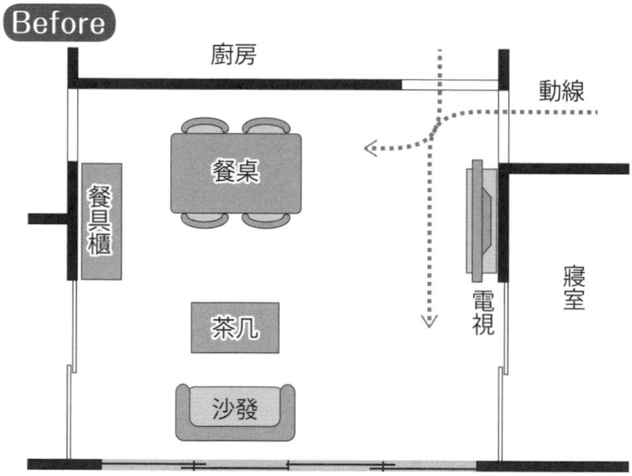

老是有人經過電視前，產生種種埋怨。

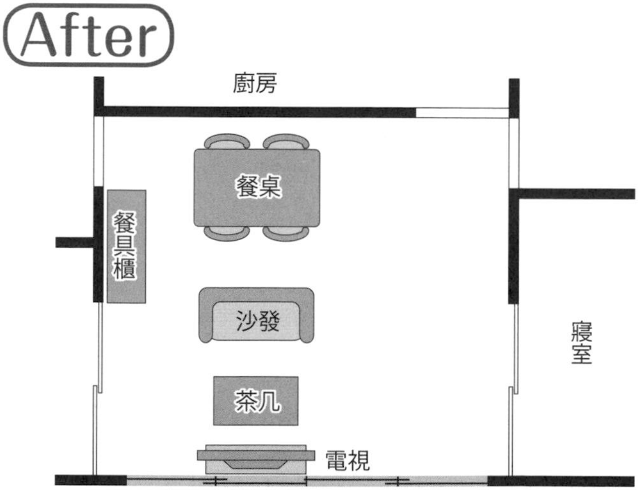

變成方便走動，安心放鬆的空間！

舉例來說，有戶人家將電視放在餐桌旁，但是通往廚房的動線卻位在電視與餐桌中間，這麼一來，老是有人從正在看電視的人面前經過。看電視的人因為被擋住視線而心情煩躁，有事要去廚房的人則被看電視的人抱怨也很不高興。即使如此，這家人還是認定電視就得靠牆放。

我將靠窗放的沙發轉換方向，再把電視改成放到窗戶前；光是這樣，看電視的人視線與前往廚房的動線就不會重疊，抱怨從此消除。

建議各位也畫下自己家裡的家具配置圖，再在圖上標示出生活動線，或許你會意外地發現，生活中因為重疊或打結而造成埋怨的動線還不少。

・用「時間軸」來想像人移動時的情形

我們也必須用「時間軸」來思考生活動線，因為日常生活本來就會隨著時間產生變化，人也會在不同時間做出不同行為。

這是什麼意思呢？就讓我們用每天生活中不可或缺的「洗衣服」這件事為例來思考。

洗衣服是以「把衣服放進洗衣機洗」為起點，之後還要晾曬衣服、收下來折疊、放回固定的地方收納，在這之後，還有將洗乾淨的衣服拿出來穿、在浴室脫下髒衣服、丟進洗衣籃等一連串的動作；最後，又會再次回到「把衣服放進洗衣機洗」的起點。

換句話說，如果用時間軸來思考洗衣服這件事，就會是下面這樣：

洗衣服↓晾曬衣服↓收衣服↓折疊衣服↓收進衣櫃↓拿出來穿↓髒了脫下↓洗衣服……（循環反覆）

這個循環的動線愈流暢，與洗衣服這件事相關的動作就愈順利，愈能減少焦躁不耐的情緒。

最容易忽略的，是「曬乾的衣服收下來後放在哪裡」這件事。要是平常收進來的乾淨衣服直接散亂堆在客廳沙發上，或是脫下來的衣服到處亂丟，就表示家中的洗衣動線一定哪裡出了問題。

比方說，可能是缺少一個可以折衣服的地方、衣櫃放在不方便收納的位置，或是脫下髒衣服的位置離洗衣機太遠等等……總之，一定會找到動線不順的原因。

說到洗衣動線，大家或許只會想到洗好拿去晾乾的動線，其實還要把之後的「收衣服」、「折衣服」、「放回衣櫃」、「拿出來穿」和「脫下來洗」等行動一併思考進去才行。如果不用「時間軸」來思考動線，這一連串的行動就會在某個地方卡住。

順帶一提，在我家裡，「放回衣櫃」、「拿出來穿」、「脫下來洗」和「洗衣服」都在同一個地方，洗衣服這件事的動線位於一直線上。也就是說，乾淨毛巾、全家人的內衣褲及睡衣都收在洗臉台旁[1]，洗澡前在這裡脫下髒衣服，直接丟入洗衣機，洗完澡後就在洗臉台旁換上乾淨的內衣褲和睡衣。

曬乾收下來的衣物中，毛巾、睡衣和內衣直接拿回洗臉台旁收納，其他衣物則分別放進每個人專屬的箱子裡，各自要回房間時，順便拿回去就好。

這麼一來，洗好收下來的衣服就不會堆在客廳，也不會發生脫下來的髒衣服隨地亂丟的事了。

・改善洗衣動線，減輕煩躁！

在思考生活動線時，重要的是動作盡量集中不分散。但是，並不是什麼東西都集中在一起就好，請看以下介紹的例子。

[1] 日本一般家庭都會在浴室外設置洗臉台和更衣處，洗衣機多半也放在這裡。

夫妻倆白天都要工作的K家有兩個小孩，住的是自家的三層樓透天厝，房間分配與格局如下：

一樓／浴室與洗臉台（洗衣機也在這裡）、全家人的寢室

二樓／客廳與廚房（LDK）、晾衣場

三樓／小孩房、儲藏室

這家人把客廳當成晾衣服的地方，一年到頭客廳裡都掛著洗好的衣服。至於為什麼會把客廳當成晾衣場，是因為家中負責晾衣服是每天加班的爸爸，要到深夜回來時才能把衣服從洗衣機裡拿出來晾。

每天半夜，爸爸都從一樓洗臉台旁的洗衣機裡，把洗好的衣服拿到二樓的客廳去晾。

晾乾之後，如果是爸爸媽媽的衣物，就收到一樓寢室，孩子們的則拿到三樓小孩房，這是媽媽負責的工作。

由於客廳裡隨時都晾著衣服，孩子們的玩具又散落一地，結果原本應該是一家人放鬆休息的客廳，卻成為充斥衣物及玩具的雜亂空間，讓人待在家裡感到煩躁不安。

我為這個家做出的改變如下：

一樓／浴室和洗臉台（洗衣機也在這裡）、孩子們的遊戲室

二樓／客廳和廚房（LDK）

三樓／全家人的衣物間、晾衣場、全家人的寢室

洗衣機放在一樓，晾衣場卻在三樓，乍看之下，晾個衣服要從一樓爬到三樓，動線似乎太遠了。可是，反正爸爸半夜回家也要從一樓上三樓睡覺，到時再順便把洗好的衣服拿上三樓晾就好，不用花費多餘的勞力。

此外，把全家人的衣物間和晾衣場一起搬到三樓，等於「拿出來穿」、「晾曬

改變洗衣動線，每日家事瞬間輕鬆！

Before

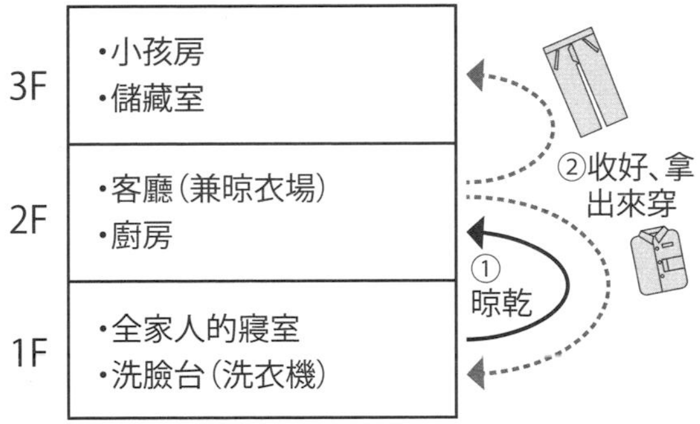

每洗一次衣服就要在一樓、二樓、三樓之間來回，非常麻煩。

After

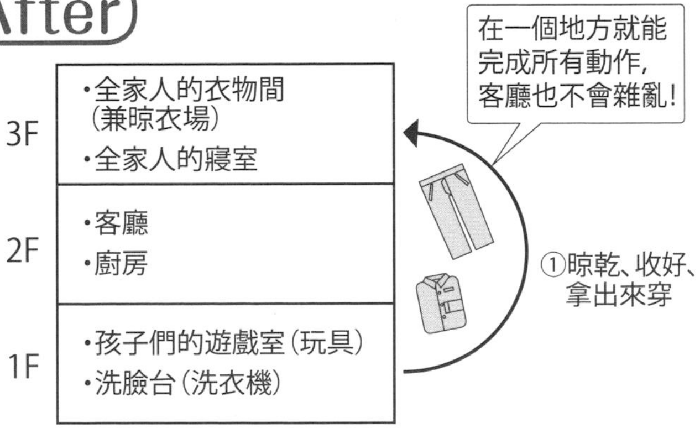

動作簡化了，房間清爽了。

全家人的衣物間

衣服」、「收衣服」、「折疊衣服」和「收納衣服」都在同一個地方完成。衣物集中放在三樓，就不會像過去那樣散亂在客廳裡了。（彩頁第四頁）

這麼做還有一個優點，當媽媽忙得沒空折衣服時，反正整個三樓都是家人的衣物間，就算衣服晾著不收下來，也不會有太大問題。

如果單純只考慮動線，洗衣機和晾曬衣物的地方的確愈近效率愈好；可是，如果以全家人一整天的時間軸來思考動線，就會得到八十三頁的結果。生活動線不只與空間位置相關，隨著時間來進行調整的綜合思考也很重要（一百四十頁還會再談到「洗衣問題」）。

步驟③把東西集中起來

・即使只是移動家中「腫瘤」也好

整頓好生命線與生活動線後，就可以開始打造空間了。在創造幸福的家這件事情上，整理之所以如此重要，原因在於「空間更勝物品」。當全白的空間誕生後，人就能在裡面描繪夢想、希望與未來。

請將瑣碎物品的整理與收納暫且延後，以確保空間為最優先要務。

順帶一提，每次進入東西多到沒空間的房子時，只要看一眼我就知道「哎呀，這房子長了腫瘤。」腫瘤指的就是「堆積的雜物」，會阻礙家中生命線與生活動線，也是東西壅塞的元凶。

就算起初只是小小一堆雜物，漸漸地，東西會從那個地方向外愈堆愈多，形成腫瘤。因為不想看或不想碰這堆東西，於是放上更多東西來遮掩，堆積的雜物就愈來愈多。

光是屋子裡存在著這顆腫瘤，就會奪走人們的能量，這也是我將屋內堆積的雜物視為「腫瘤」的原因。

在雜物堆的中央，多半有個「坐鎮」其中的核心，比方說是阻斷客廳通道的大型沙發、幾乎佔據整個房間的三件式嫁妝家具，或是放在走廊上擋住去路的健康器材。

這些東西的特徵都是「早已失去原本應有的機能」。佔據客廳的大型沙發上堆滿雜物，無法隨意入座，早就稱不上是一張沙發，只不過是置物架。三件式嫁妝家具中，衣櫃裡的衣服早就沒在穿，失去作用的衣櫃，成了單純「養蛀蟲」的地方。

不使用的健康器材，只是放在走廊上生灰塵，對健康沒有幫助，不過就是「灰塵堆積場」。

愈來愈大的腫瘤會危及生命，家中的腫瘤也一樣，會限制人們的行動，使生活空間愈來愈狹隘，壽命也跟著縮短，得盡早摘除才行。

東西既然不使用，處理掉是最好的方法，但是，事實上有很多人還是會以「太可惜」或「還能用」為藉口，試圖保留那些物品。

這種時候，光是把腫瘤從家裡的中心移到「邊陲」，家中景色就會產生很大的改變。

不、不光是如此。只要東西移動了，整理這件事也會跟著動起來。

某戶人家客廳的中心位置，一直以來都放著一張堵住所有事物流通的大型沙發，而且沙發上堆滿雜物，早已失去原本應有的機能。

因為這家人希望不丟沙發，我就請他們乾脆把沙發從客廳搬進寢室，光是這樣，客廳就變得寬敞，不只住起來舒適，受到活用的沙發一定也會感到欣慰吧。

・清出一個房間當「置物間」也是辦法

東西多卻又不想丟，這種時候最快的方法，就是挪出家中比較少用或用起來不方便的一個房間，拿來當「置物間」；就算少了一個房間，只要能在其他房間生活得舒適就好。所謂用起來不方便的房間，指的是不在生活動線上，就算拿來當儲藏室也不妨礙生活的房間；如果住的是兩層樓透天厝，或許可以選一間二樓的房間當置物間。

物品多到礙事，無法隨心所欲地確保生命線與生活動線，或是明明想製造空間，卻因為東西太多而無法如願時，只要把多餘的物品移放到這個置物間裡就可以了。

遇到非得在短時間內整理滿是雜物的屋子時，我也經常會空出一間房間當置物間，把用不到的雜物通通搬進去，整理工作就能進展順利。

只要將妨礙現在生活的東西全部丟進置物間就好，如果整理的門檻能降到這麼低，動手打掃的意願也會提高吧。

為了方便日後整理這些放進置物間的東西，搬進去時要以看得到的方式擺放。

不過，要是東西真的多到不可收拾，最糟糕的狀況也只能裝進紙箱疊起來。

但是，一旦東西放進紙箱，往往就再也不會打開，像塊大石頭一樣堆在那裡好幾年；站在我的立場，其實不太建議這種方式。就算非裝進紙箱不可，也請想像成緊急避難，只是應急的措施。

搬進置物間的東西，等日後有時間再來整理。或許可以把置物間想成存放庫存品的倉庫或儲藏室。

我經常採取的做法，是將書架或層板等家中已用不到的架子搬進置物間，再以看得到的方式把東西陳列在上面。

尤其是上了年紀的人，什麼東西只要沒看到就重新再買一個，這樣只會陷入東西愈堆愈多的惡性循環。

日常生活會用到的衛生紙、洗潔精等用品，或是乾貨、砂糖、米等食材，全都擺在開放式的架子上，一眼就能看出還有多少庫存，防止重複購買。

因此，「不將東西裝進紙箱，以看得見的方式擺放出來」是很重要的事。

‧沒有置物間該怎麼辦？

若沒有可以用來當置物間的房間，把東西暫時堆到車庫、院子或陽台也無妨。我曾在協助整理某間非常狹小的房子時，暫時把東西堆到公寓的公用走廊上。

在這樣的案例中，物品不可能永遠堆放在公共空間，必須再次搬回家中。然而，人是一種奇妙的生物，看到家裡好不容易整理乾淨，空間變得清爽宜人，就不會想再把東西搬回去了。

幾乎所有人都會主動說出「這個不要」、「那個也不要了」，開始丟棄暫放在公共空間的東西，至少不會要求把所有東西再次搬回家中。

只把當事人說「這個還要」的物品搬回屋內，至於其他還放在外面的東西就處理掉吧。

討厭「丟棄物品」的話，還有「賣掉」這個方法。曾有一次，我把某家人堅持絕對賣不掉的老舊沙發拿去二手商品店回收，結果賣了一百日圓。

無處可去的東西，不妨善用這類二手商店或拍賣網站。

・把東西藏在家具後方的終極絕招

東西沒有地方可移動，或是嫌移動東西太麻煩時，還有一個終極絕招，就是只把東西集中在房間一角，藏在家具後面。

像用推土機一樣，先把散落一地的東西一口氣推到房間角落，再把家具移到前面擋住。

比方說，把原本靠牆放的書櫃拉開離牆壁一公尺，前方保留供一人通過的空間即可；如此一來，集中於一處的雜物就可以藏在書櫃後面多出來的空間，房間裡變得像什麼都沒有的空地一樣清爽。

光是將「放置物品的地方」和「生活空間」分開，生活就會產生戲劇性的轉變。

把東西藏在家具後方

Before

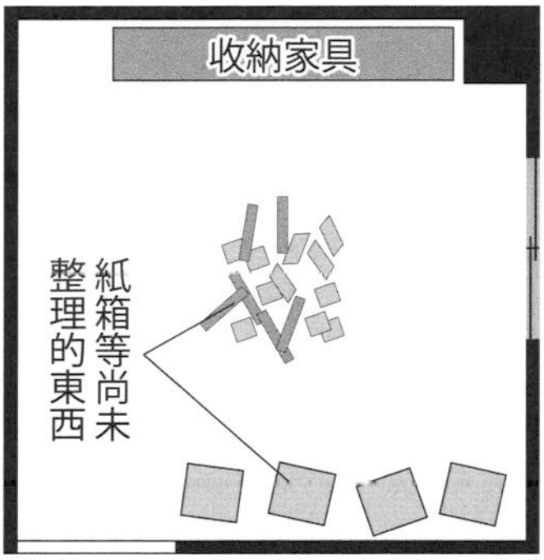

因為這些還無法歸位的東西，
導致房間整理不完。

After

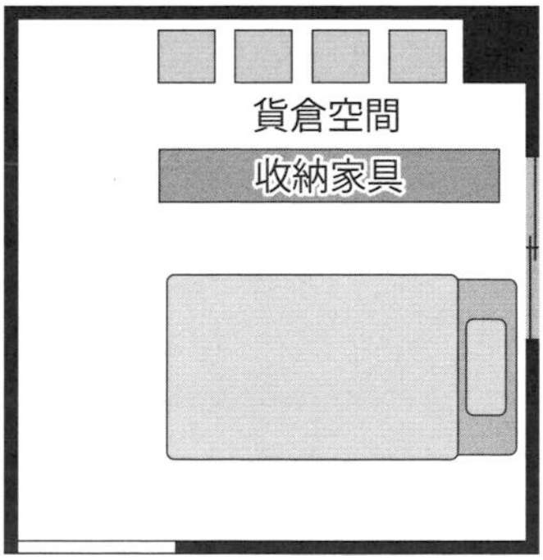

只是將收納櫃往前搬一點，就完成了一個貨倉空間。

這是我去某對夫妻家整理時所發生的事。他們原本打算搬進新家後，將其中一間房間打造成可一對一按摩的空間。

然而，搬家之後東西始終整理不完，一直清不出用來放按摩床的房間。我知道他們趁著這次搬家已經丟掉不少東西，無法再減少家中物品；於是，我將靠牆放置的大型收納櫃往前挪，在後面製造出有如貨倉一般的空間。

將整理不完的行李集中放在這個貨倉空間，用大型收納櫃遮住、隱藏起來，於是收納櫃前方就清出一塊雖然不算大，卻足以放下一張按摩床的空間。

像這樣巧妙運用現有家具，將物品集中放置在後方隱藏起來，前方就能空出一個房間了。

面對不願意丟棄物品的長輩，特別推薦使用這個方法。可以帶他們到家具後方說：「看，東西都在這裡，沒有丟掉。」長輩看到東西都還在，也就安心了。

步驟④創造空間

・先從一個房間下手，清理出一個空間

對家裡總是堆滿雜物的人來說，一個整理乾淨的空間往往會帶來不小的震撼。「原來自己的家也能清理出這樣的空間啊！」產生類似這樣的滿足感與驚訝之後，這份感動將化做動力，推動人們著手整理其他地方。

就算已經清出「置物間」，我還是會把東西盡量集中在一處，整理出一個乾淨的房間，目的就是為了讓屋主體驗「多出空間後竟然這麼清爽」的感動。

有了感動，就會動心，產生整理的意願。接下來，「想做那個」、「想試著這麼做」的「夢想與希望」也會隨之誕生。

就算其他房間還亂七八糟也無妨，請先整理出一個沒有雜物的空房間吧。「夢想與希望」的整理，將從這個房間開始。

・再小也無妨，必須擁有個人空間

那麼，終於要開始打造空間了，從哪裡開始好呢？通常我選擇優先打造的，會是客廳或餐廳等家人共用的空間。

家是讓家人安心放鬆的地方，擁有一個舒適的公用空間，大家都能感受滿足與驚喜，共享這份感動。這麼一來，在情緒的推動下，每位家族成員都更容易產生整理的意願，動手打掃家裡。

不過，即使強調了公用空間的重要，並不表示個人空間不重要。即使面積再小也無妨，擁有專屬自己的場域、打造自己專用的空間，能為每個人帶來安心感。尤其是上了年紀的銀髮族，更需要自己專屬的空間。

換句話說，請把公用空間與個人空間視為「套組」，否則整理的目標「夢想與希望」將會減半。

花一點小工夫就能打造個人空間。客廳整理好了，可以在角落放個坐墊和小矮桌，佈置出小書房般的空間；寢室搖身一變成為清爽的空間，就在床邊放一張只屬於自己的小邊桌，再加上檯燈照明也很不錯。

我曾經在某戶人家，幫那個家的女主人在食品儲藏室裡打造了一張小書桌。那個家庭的房子其實很寬敞，整個家中卻沒有一個地方能讓太太做自己喜歡的事情。

我只是利用食品儲藏室內的貨架，清出一小塊層板當桌面，再加上照明而已；雖然僅是五十公分見方的空間，當她看到專屬自己的書桌時，竟然高興得眼泛淚光。在那個空間裡，一定會誕生許多期待與喜悅。

・用家具隔出新的空間

製造空間的方法有很多種，雖然把所有多餘物品搬到置物間或其他地方的方法，稱得上是蠻幹，卻也是最有效的方法。如果無法做到這樣，光是移動家具，也能靠隔間的方式來創造新空間。

一如九十三頁介紹的，只要挪動原本靠牆擺放的大型家具，用家具將房間隔成兩半，便能誕生新的空間。

我曾經使用這個方法，幫一個想擁有自己房間的小男生打造出屬於自己的空間。原本兄弟同睡一間臥室，我把原本靠牆的衣櫃挪到房間中央，房間就隔成了兩半，一半是弟弟的房間，一半是屬於哥哥的空間。

雖然沒有完整隔間，哥哥仍然非常滿意這個專屬自己的空間，將「我喜歡的書」擺出來，放上「我喜歡的模型」和「我想彈的鍵盤」，實現「只屬於我的世界」。後來他們的媽媽高興地告訴我，有了自己的空間後，原本老是把東西丟得滿客廳的兄弟倆，現在因為珍惜自己的空間，把房間維持得很乾淨。

屬於自己一個人的空間很重要

Before

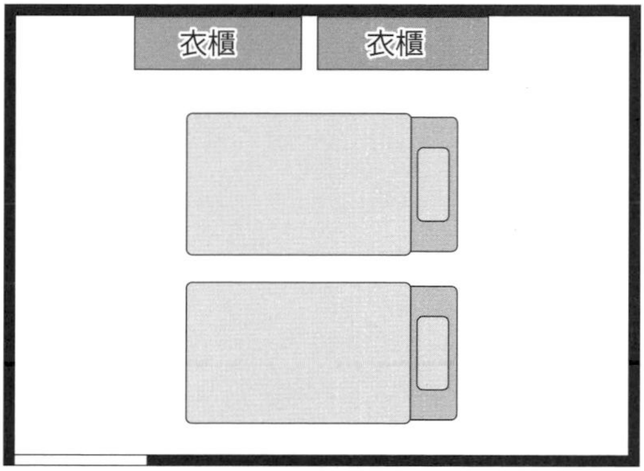

兄弟倆的臥室

After

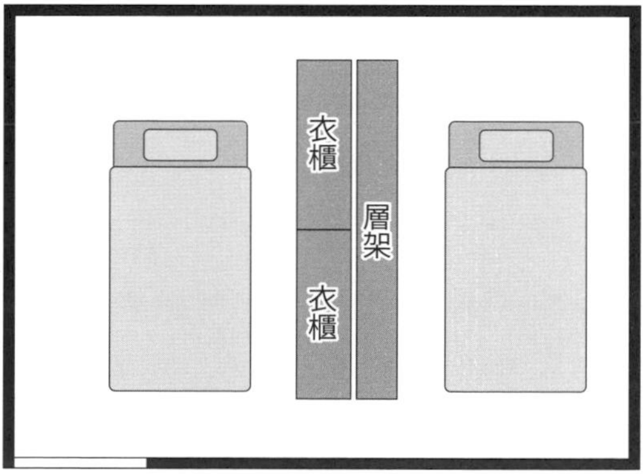

宛如兩個小房間的空間！

・為了做這些事，需要多少活動空間？

製造空間是為了在那裡「做自己想做的事」。當然，一開始先打造一個清爽無雜物的空間，再開始想像自己要在那裡實現什麼夢想也可以；不過，如果已經有想做的事，配合空間大小來思考做法會更有效率。

比如說，想把廚房整理乾淨，為家人大展廚藝，這樣一來，首先得先確保廚房裡有足夠的做菜空間，否則一切都免談。必須有多大的空間，才能流暢地進行切肉、切菜及結束後的清理等工作，從這裡開始思考，自然就會知道廚房空間要有多大才夠用。

先有了這樣的想像，就會注意不要放置多餘的物品，以免佔據、浪費空間。

・「看到就開心的場所」是每天的幸福

只要在家裡找一個地方就好，不需要大規模移動物品與家具，也有方法能打造

因為是充滿回憶的東西
更要珍惜地陳列出來

令人雀躍的空間。有了這樣的空間，人就會產生「不然這裡、那邊也整理一下吧」的積極「意願」，順利展開整理作業。

在地狹人稠的香港住家，為那位板著一張臉的老爹打造陳列出自豪獎盃與洋酒的玻璃櫃（五十三頁），正可說是這樣的例子。

在高齡長輩家中經常可見到家族照片、孩子們的作品，或是出國旅行帶回來的紀念品等，各式各樣上面滿佈塵埃的擺飾，若是能在家中醒目的地方，將這些充滿回憶的物品陳列出來，長輩們一定會很開心。

為了防塵，我通常會將這些充滿回憶或屋主喜歡的東西，放在餐具櫃等有透明玻璃門的櫥櫃中陳列；不必全部擺出來，只要展示其中一部分就行了。

這麼一來，那裡就成了令人雀躍的空間，每次看到都會很開心。儘管只是小事，但從這些小地方就能感受日常生活中的幸福。

以此為開端，屋主或許就會產生「也把其他地方整理乾淨吧」的心情。

・美得像咖啡館

以前，我曾經借住在朋友的老家，這是當時發生的事。朋友的媽媽獨自一人住在老家，每天早上和傍晚都會煮好喝的咖啡請我喝。

不過，令我百思不得其解的是，她每次讓我都用同一個咖啡杯；那是個有點髒，還看得到茶垢的杯子，明明餐具櫃裡還有好多咖啡杯。

很快地，我就知道原因何在。朋友的媽媽很喜歡外國的餐具，多年以來慢慢地蒐集了許多高級咖啡杯，卻因為收藏太多了，咖啡杯塞滿整個餐具櫃，無法想拿就拿出來。

而且，這些咖啡杯多年未曾使用，不是佈滿灰塵，就是放久髒污，想讓客人馬上喝到咖啡時，只能使用家中固定常用的幾個杯子。

於是，我幫她把餐具櫃裡的咖啡杯全部拿出來，小心翼翼地一個一個擦洗乾淨；連沾了指紋和油脂、看上去髒兮兮的餐具櫃玻璃門，也都擦得閃閃發亮。

接著，我將她精心挑選的咖啡杯，以看得見杯身圖案的方式，和成套的杯碟一起漂亮地陳列在餐具櫃中，就像咖啡館一樣。

為什麼我會這麼做呢？因為我借住在那裡時，常聽朋友媽媽說：「我的夢想就是開一間咖啡館。」

我將原本疊放在餐具櫃裡不容易拿出來的咖啡杯，一一放在透明壓克力做成的層板上，在擺放的方式上也費了一點工夫，方便朋友媽媽能隨時取出杯子。這麼一來，她就能配合每天的心情，輕鬆拿出更多不同的杯子來使用。（彩頁第三頁）

看到陳列著咖啡杯的餐具櫃，朋友媽媽驚訝地摀住嘴巴說：「哎呀，好像咖啡館！」眼中還閃耀著光芒，並露出難以置信的表情，一次又一次凝視著餐具櫃，一邊發出「太美了」的讚嘆。

後來我聽朋友說，從此之後，媽媽經常坐在客廳裡欣賞餐具櫃中那些她最愛的咖啡杯。

聽說，就算其他的房間有點髒亂也無所謂，唯有展示著咖啡杯的客廳，總是打掃得一塵不染。

偶爾，她也會邀請附近鄰居來家中，在引以自豪的客廳裡享受開心的下午茶時光。

希望直到晚年，朋友的媽媽仍然能在如夢想咖啡館的家中，被心愛的咖啡杯包圍，度過幸福時光。這樣，我也算是報答了當年的寄宿之恩。

・維持打造好的空間

東西多的人有個傾向，一製造出新的空間，又會立刻買東西回來把空間填滿。

我曾經接受委託前往某戶人家，幫他們整理丟了滿地的衣服、玩具及教材，連地板都快看不見的小孩房。

我花費一整天的時間整理小孩房，好不容易重新打造出只有書桌、書櫃和椅子的簡潔空間。隔幾天再次造訪，卻發現房間裡多了一張新的雙層床，整個小孩房變得像臥鋪火車一樣，只剩下狹小的通道；原本方便使用的收納櫃全被塞住打不開，房間裡恢復原本的雜亂。

空間裡什麼都沒有，才能拓展出各種可能性，也才能擁有下一章會提到的「不復亂的家」。可是，好不容易打造出的空間，卻被這家人再次塞滿了雜物。

為了不要落得如此下場，回到原點思考：「這個空間原本是想拿來做什麼的？」「打造這個空間的目的是什麼？」是很重要的。

步驟⑤把常用的東西拿出來

・不用的東西收納起來，要用的東西刻意取出

家裡收拾整齊到某種程度，就要把平常會用到的東西，放在隨時拿得到的地方。

如果只把整理乾淨當作目的，物品全部收在櫃子裡，雖然看起來比較美觀，但是在高齡長輩的家裡，東西方不方便使用比美不美觀更重要。為了方便使用，刻意拿出平常會用到的東西，盡可能不要收納比較好。

「不對吧？東西拿出來不收，很容易散亂啊？」或許會有人這麼說，其實正好相反。

以我的經驗來說，「平常就會使用的東西，如果每次用完就得收起來，反而會因為嫌麻煩而不想收，結果更雜亂」。

細數日常生活中經常使用的東西，意外地會發現數量其實不多；因此，就算不收起來也不至於雜亂。

舉例來說，一對夫妻平常使用的餐具，頂多是兩人份的飯碗、湯碗、筷子、小碟子和杯子，把這些東西整組放置於托盤上，擺在微波爐上面等固定位置即可。要是這些東西每天三餐用完後，都得一次又一次收進櫥櫃呢？每次都要先打開櫥櫃門，飯碗放在飯碗的位置、湯碗放在湯碗的位置、小碟子放在小碟子的位置、杯子放在杯子的位置，還得另外拉開專放湯匙筷子的抽屜，把筷子放回筷子的位置。

一年三百六十五天、一天三次，做這些事所付出的勞動量，對高齡長輩而言比我們想像中還辛苦。

即使年輕時不以為意，隨著年齡的增長，就連打開餐具櫃門或拉開抽屜的簡單動作也會變得吃力；到最後，餐具就會永遠都擺在水槽裡或流理台旁的瀝水籃中了。

・要用的東西放在一秒就能拿到的地方

只要有某樣東西「隨手亂放」，漸漸地其他東西也會跟著隨手亂放，一旦形成「雜物堆」，屋子裡就會開始充斥雜物。

已經用不著的東西，就算從此完全不使用也不會造成困擾，要是不願意丟掉，那就收進櫥櫃深處。相較之下，經常使用的東西要放在一伸手就拿得到的地方，而且是固定位置。

像這樣為每天都要使用的東西決定好一秒就拿得到的固定位置後，把東西好好歸位。一秒就拿得到，表示一秒就能放回去，房間自然就能維持在隨時都整理乾

馬上能拿出來就不會散亂了

刻意拆下玻璃門，東西馬上就能拿出來，清理也很簡單！
お茶

淨的狀態。

・故意拆掉收納櫃門的隱藏妙招

為了確保東西放在一秒就能拿到的地方，我常用的方法是——故意拆掉收納櫃的門。（彩頁第一、二頁）

比方說，放在客廳或餐廳的餐具櫃，拆掉玻璃門之後，把每天都會用到的碗筷餐具及茶壺茶杯、調味料等放在托盤上，再一起放進櫃子裡，這樣就能更方便取用了。

要吃飯或喝茶時，省去打開櫃門的動作，立刻就能拿出裝好所需物品的托盤，用完清洗之後再將托盤整個放回去就好。

東西之所以散亂，是因為沒有好好歸位，若是使用這個方法，就連怕麻煩的人也沒問題了吧。

沒拆下的玻璃門內，放的則是平常不使用的東西，或是不會去移動的裝飾品；因為東西不使用就不會去碰，不碰就容易生灰塵，最好盡量放在有門的收納櫃中，才能保持清潔，清理起來也不會花費太多時間。

這是保持不藏汙納垢的生活小妙招，清潔的空間正是舒適生活的祕訣。

・丟掉櫃子，把常穿的衣物擺出來

前幾天，我為一位獨居的高齡男士整理房子；這位男士家中彷彿洗衣店，到處都有吊掛的衣物，並且散落屋內各處。我很快就清楚原因何在，原來他半身不遂，連打開衣櫃門都不方便。

再加上只有一隻手能動，也就無法將衣物折好放入櫃子，逼不得已只好像洗衣店那樣把衣物吊掛起來，或是隨手放在屋內其他地方。

話雖如此，為什麼衣物會吊掛、散落在屋內各處呢？思考男士的生活動線後，也找到了原因。

原來，洗衣機的位置和收納衣物處的距離太遠了。洗好的衣服得從洗衣機所在的洗臉台旁，經過客廳再拿到後面的和室去收納，因為衣物都固定放在和室的衣櫃裡。

距離這麼遠，就算努力想把洗好的衣物拿到和室放，半途卻筋疲力盡，只好隨手吊掛或放在椅子、沙發上，想想也是無可奈何的事。

於是，我著手替他規劃新的洗衣動線。先把洗臉台旁原本當作臥房的房間改造

衣物散亂的原因，在於洗衣動線太長！

Before

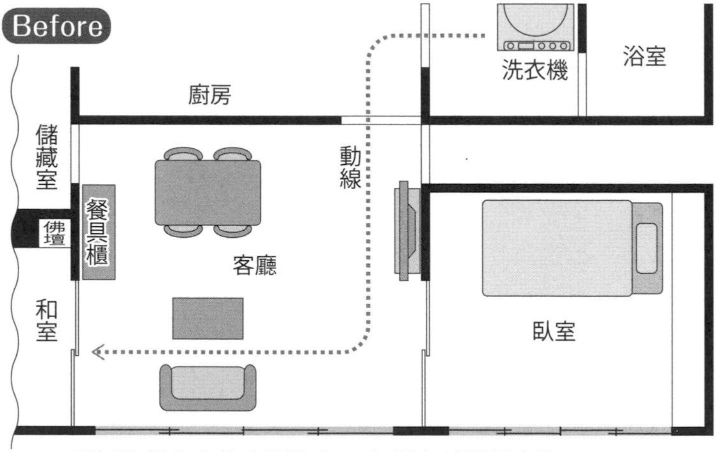

要把洗好的衣物拿到和室，必須穿越整個客廳。

After

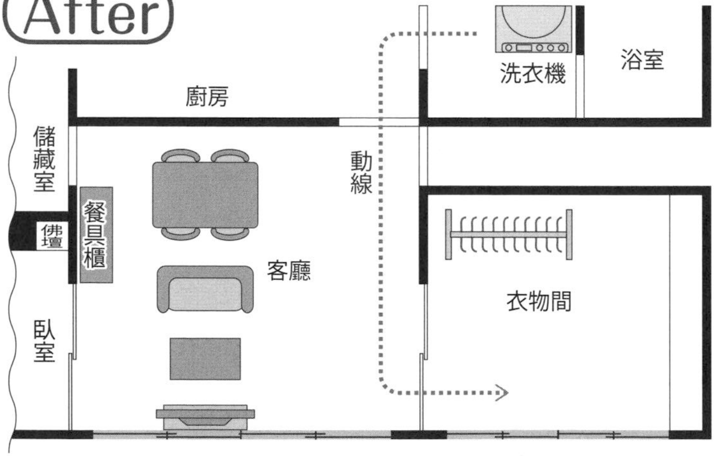

洗好的衣服只要拿到衣物間放，要穿時馬上拿得到。

成衣物間，再將臥房移到最後面的和室；換句話說，就是把洗衣機旁邊的房間打造成全新誕生的衣物間。

接著，將開放式掛衣架搬進衣物間，洗好的衣物全部可以掛在衣架上晾乾，晾乾的衣服也不用收下來，直接掛著就好，平常就能在這個房間裡換衣服。

我還把和室裡的衣櫃處理掉，裡面的衣物移到洗衣機旁的衣物間；原本放在衣櫃裡的內衣、襪子和內褲，則分別放進三個名為「隨手放 BOX」的箱子，然後將這三個箱子放進拆掉門的壁櫥中段。

「隨手放 BOX」，顧名思義就是將衣物姑且隨手放置的箱子。為了方便拿取內衣、襪子和內褲，我準備了三個箱子，如果空間真的不夠，也可以放在同一個箱子。

因為壁櫥門被拆掉了，經過壁櫥時，隨手將洗好的內衣、襪子及內褲放進箱子就好。

全部收納起來
並不等於舒適的生活

Before

長年當作臥室使用的房間。

After

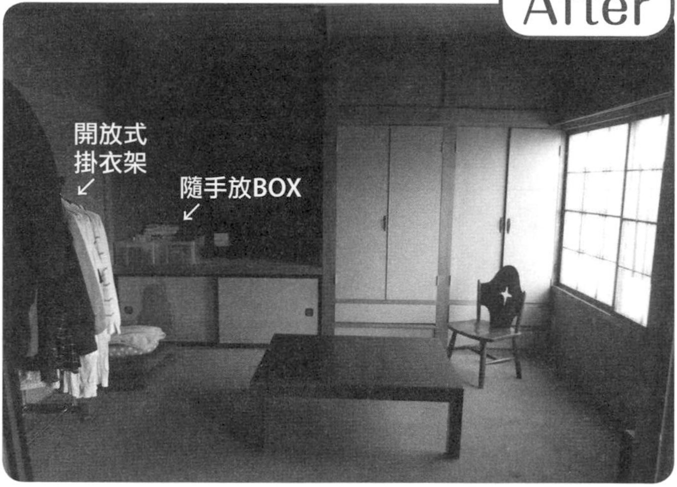

實現了「只要掛起來就好」、「只要放進去就好」的「不收納生活」。

想穿的時候，只要從箱子裡拿出來，一秒就能完成，非常輕鬆。

丟掉衣櫃時，屋主很擔心地問我：「這樣我的衣物要收在哪裡？」明明他的身體狀況已經不適合使用衣櫃收納衣物，但他卻無法擺脫「衣物就是要收在衣櫃裡」的既定觀念。

「今後您的衣服都不用收進衣櫃了。」我這麼回答。「內衣和外衣全都掛在這個衣架上晾乾，乾了之後也可以繼續掛著；因為這個房間整體就是一個衣物間，您可以直接從衣架上拿衣服，在這個房間更衣。還有，我拆掉了壁櫥門，把『隨手放BOX』放在裡面，洗好的內衣褲和襪子直接丟到盒子裡就好。」聽我這麼解釋，他才佩服地說：「老師您真是天才。」

關於這間房子，日後還有個小故事。由於屋主很喜歡小孩，當地的小學生經常來家裡玩耍；把散落家中各處的衣物整理好之後，家中多出寬敞的空間，孩子們可以在這裡打電動，也有地方寫功課。

這位男士的家成了孩子們休憩玩耍的場所後，他隨之產生了「得為孩子們保持家中整潔才行」的想法，湧現整理的意願。「為了孩子們……」就是他的「夢想與希望」，也為他的生活帶來喜悅。

收納櫃裡不整理也沒關係

‧無法不在意的收納櫃內該如何整理？

按照①到⑤的步驟順序製造出空間後，銀髮族、高齡者的屋內整理工作可說是大致上已經完成。

我想可以不用再繼續整理，請以擁有的空間為起點，拓展屬於自己的「夢想與希望」吧。

只是，整理之後無法不去在意的，是收納櫃裡的狀況。有些家庭可能會有「壁櫥裡的情形很可怕」、「家裡有個不能打開的收納櫃」等狀況，如果要從這裡著手整理，那可是一件不得了的事。

我所提倡的「古堅式四步驟」，雖然是將收納櫃裡的東西全部拿出來，但這個方法只推薦給想要更進一步整理的人。如果能確保最低限度的生命線與生活動線暢通，已經打造出「夢想與希望」空間的話，我反而覺得，不管收納空間的內部狀況也沒關係。

・看不到裡面的收納櫃不整理也沒關係

不知從何時起，說到整理就等於收納，收納空間裡還必須整理得井然有序，這種想法成為主流。電視與雜誌中，「理想的收納」就是整齊美觀、排列有序，於是認為「我家也得整理成這樣才行」的人，也變得愈來愈多。

若是當事人有充分的時間、足夠的力氣和能量去做這件事，那就儘管整理到自己滿意為止也沒關係。可是，叫銀髮族或高齡者用這種方式去整理收納，大概永遠也整理不完。對他們而言，比起整齊的外觀，方便、安全的生活更為重要。

說得極端一點，我認為只要居住者生活方便，收納櫃裡亂七八糟也無所謂。眼睛看得到的空間一旦散亂，人的情緒就會煩躁不安，相較之下，收納櫃裡就算稍微有點雜亂，反正裡面的狀況看不到，也不太會影響心情或造成壓力。

雖然不是什麼光彩的事，忙碌的時候，我家的衣櫃有時也會亂七八糟；反正看不到就好，感覺就像睜一隻眼、閉一隻眼。

當然，如果屋主很在意這種事，那就應該把收納櫃裡的東西整理得井然有序。但是，這並非是最優先事項，可以延到最後，有時間再慢慢做就可以了。

再強調一次，整理銀髮族、高齡者的家，必須以方便、安全、生活舒適為最優先，先決條件是確保帶來生存價值的「夢想與希望」空間。

多餘的物品可以放到置物間，或是集中放在家具後方，全部丟進收納櫃裡也可以，重點是製造空間。只要眼前有清爽的空間，偶爾打開收納櫃時，心想：「哎呀，有點髒亂」，自然就會產生「下次有時間的話，來好好整理乾淨吧」的想法。到那時候再來整理亂七八糟的收納櫃就可以了。

・用「看得見」和「隱藏起來」的收納櫃來分門別類

雖然前面提到「收納櫃內不用整理也沒關係」，但這裡指的只是「看不到裡面的收納櫃」；像是展示櫃或有透明玻璃門的櫥櫃等「看得見裡面的收納櫃」，也算是妝點「夢想與希望」空間的一部分，最好還是要整理乾淨。

看得見的地方一旦雜亂無章，每次看到都會心情煩躁，造成壓力。

「都已經是老人住的家了，不需要裝潢得多漂亮吧！」。其實正好相反，正因為人生所剩無幾，接下來的每一天都要好好珍惜，有尊嚴地散發隨著年齡增長而來的美感，這樣的態度更為重要。

話雖如此，卯起來裝飾家裡也很累人，銀髮族光是這樣就筋疲力盡了；所以，等有時間的時候，再慢慢地把所有看得到的地方整理乾淨，眼前只要先打造出一個令人雀躍期盼的空間就夠了。乾淨的空間映入眼簾令人心情愉快，因此，至少要有一個這樣的空間。

如果玻璃門的櫥櫃是餐具櫃，就把不要的餐具放在看不見的櫃子裡面，心愛的漂亮餐具則陳列在透明玻璃門內。

像我在香港那位老爹家做的那樣，把象徵這個家的物品擦拭乾淨，放在玻璃門內當裝飾也不錯。

簡單來說，就算看不到的地方東西散亂，只要看得到的地方井然有序就好。然後，至少打造一個令人看了雀躍期盼的空間。

我曾為一位熱愛現代音樂與時尚穿搭、精力十足的女士整理住家，我發現這位女士擁有很多頂帽子，可是她的帽子實在太多，大部分只能收在帽盒裡，而且長年放置不戴，盒子都沾滿塵埃了。

蒐集帽子這件事，一看就是熱愛時尚穿搭的女主人所特別講究的，於是，我想幫她把帽子整齊地擺放出來。

正好玄關旁的鞋櫃上有個收納櫃，就將塞在裡面的燈泡、鞋油、抹布等各種東西全部搬到儲藏室，再將她所收藏五顏六色的帽子陳列在櫃子上。

看到玄關的帽子，女主人興奮地跳了起來。「那頂帽子可以配那件衣服」、「要是戴這頂帽子一定很時髦」，相信她腦中也浮現了許多穿搭的點子。

我一想到她出門時，在玄關開心挑選當天想戴哪頂帽子的模樣，不由得跟著高興起來。

大膽採用「看得見的收納」

把放了瑣碎雜物的鞋櫃清空，再將收藏的帽子放上來，外出時看到漂亮的收藏品，令人心情愉快。

‧比起容量大小，收納櫃更重要的是順不順手

外表好看的收納櫃，未必方便日常生活使用。

曾有一次，我去幫某位剛搬家的名人整理新居。那間由知名建築師所設計的房屋，看起來非常時尚，漂亮得令人讚嘆不已。

沒想到，打開客廳裡的收納櫃，發現櫃子的深度足足有一公尺。一般方便收納的櫃子，深度大約是三十到五十公分，物品要是放在一公尺深的櫃子裡，就算手伸得再長也摸不到最後面；如果沒有設計抽屜，放在裡面的東西一輩子都不會再拿出來了吧。

建築師負責設計，或許想打造的是既時尚又能放許多東西的收納櫃；但是，我只覺得建築師完全沒考慮到居住者的生活方式。

收納櫃不是為了看來美觀而存在的，也不是能裝愈多東西就愈好，有時候容量太大的收納櫃，反而會讓造成雜亂的生活。對使用者來說，用起來不方便的櫃子就失去意義；尤其是高齡長輩的家，無論如何必須以方便安全的生活為優先。規劃收納櫃時，比起外表或容量，使用上的方便更為重要，這點千萬不能忘記。

・從斗櫃文化「畢業」吧

說到銀髮族或高齡者的收納，很多人第一個想到的，就是把物品都收進斗櫃（抽屜）。從前日本人嫁女兒時，娘家會為女兒準備新婚家具當嫁妝，這也是「斗櫃文化」在日本根深蒂固的原因。為了讓出嫁女兒的新婚生活能順利，嫁妝可說是父母的一份心意，也使得日本的斗櫃文化至今難以動搖。

只是，從現代人的住宅狀況來看，每個房間都設計了足夠的收納空間，備有衣物間的房子也愈來愈多。這麼一來，偌大的斗櫃不只會讓房間顯得狹窄，要是把斗櫃放進衣物間，還會導致整個衣物間失去原有機能。

而且，有時物品一旦收進斗櫃中，可能好幾年或好幾十年就此不見天日，成了「斗櫃裡的蛀蟲」。就我看來，「斗櫃文化」正是堆積雜物的象徵。

物品不是買來收納，應該是買來使用的才對。因此，今後整理家中時，最好摒棄「收納等於整理」的觀念，以「方便使用的整理」為目標。

從「收納等於整理」，轉為「方便使用的整理」。

也就是要改變整理的概念，採用容易拿取、容易歸位，配合現代住宅狀況及日常生活環境的收納。

斗櫃的抽屜又深又重，對上了年紀的人而言，無論拉開或推回的動作都很吃力；這樣的斗櫃真的符合「方便使用」的條件嗎？我們真的需要好好思考一下這個問題。

・收進櫃子不等於整理

從小到大被灌輸「收進去等於整理好」的觀念，帶著大型婚禮家具出嫁的女兒，一輩子都只會把東西「收進櫃子」；因此，只要東西一增加，她們又會買新的收納櫃，家中每年都在增加新的櫥櫃。

就某個意義來說，我認為這是「收進去等於整理好」世代的悲劇。愛惜物品本來是一種美德，但是，太多人因為堆積的物品而放棄自己想做的事，令人感到哀傷。

再說，一旦買了不需要的收納用具，東西就會繼續增加，「可以放東西的地方」愈多，買來放的東西也會愈多；如果因為太依賴收納用具而導致物品增加，就要做好放棄收納用具的心理準備。有時，還會發生收納用具剝奪人們夢想與希望的狀況。

按照屋主的希望整理好某戶人家後，過了一段時間再次造訪，發現家中原本使用的床架不見了，取而代之的，是床下設有巨大收納抽屜的特別訂製床架；而且全家人的床都換成了這種床架。

這床架的高度將近八十公分，也就是說，床鋪底下有著深達八十公分的收納空間。屋主太太開心地說：「可以收納衣物」，我聽了卻是滿心遺憾。

這麼深的收納空間，放進最裡面的東西不可能再拿出來。這位太太向來忙碌，不是習慣把東西歸位的人，也不可能勤奮地將床下收納空間裡的東西拿進拿出。巨大收納空間裡的東西不動如山，只會一年比一年增多，直到某天再也放不下為止；我幾乎可以想見，多出來的物品堆滿房間，好不容易清出的空間變成倉庫的情況。

再者，從這麼高的床上跌下來也很危險，日後，這些床架恐怕會成為這家人的「礙事蟲」。

年紀愈大，愈該放下「收納愈多東西愈好」的價值觀，改為追求更簡單、更能快速拿出及歸位，方便使用的收納方式。

容我再嘮叨一次，現代人需要盡快從「斗櫃文化」畢業。

・絕對不把家具擺在收納櫃前

在堆滿雜物的家庭裡常見這樣的光景，那就是把家具或椅子放在收納櫃前。

通常這些家具或椅子上還堆放了其他東西，搞得收納櫃連門都打不開。這樣的收納櫃「跟死掉沒兩樣」。

這麼一來，物品便無法從被封印的收納櫃裡拿出或是歸位，只會在收納櫃前愈堆愈多。

整理家裡的時候，絕對不能封鎖收納櫃，而且本來椅子和家具就不是放置物品的地方。

為了打造實現夢想與希望的空間，開始收納前，必須先把收納櫃前清空，整理為無障礙物的狀態。這是動手整理的必備條件。

第四章　實現一輩子都不會亂的空間

如何才能不復亂

本章將說明的是，整理過後不再故態復萌的訣竅。

好不容易整理乾淨的家中，要是馬上又堆滿雜物，之前的努力豈不是白白浪費了，當然希望能夠永遠維持實現「夢想與希望」的清爽空間。

辛苦整理好的家中再次雜亂的原因，可以大略分為下列三種。

第一種是沒搞清楚整理的目的。要是不先釐清自己動手整理的目標，即使費了一番工夫整理乾淨，卻依舊不改原本的生活方式，還是跟以前一樣邋遢地只會把東西塞進收納櫃，最後還是會陷入不可收拾的雜亂境地。

「到底當初為什麼要整理？」請再一次釐清自己整理的目的吧。

第二種是沒能建立一套有效率的做家事流程。若是生命線或生活動線不順暢，或是日常生活過得沒有效率，都會引起家中物品壅塞堆積，雜物堆的範圍愈來愈大。

必須重新檢視家中物品擺放的位置，順著時間軸思考每天的生活順序，才能讓家事與生活進行得更有效率。

第三種是「隨手亂放」的壞習慣。年齡漸長，身體就不再像年輕時那麼靈活敏捷，生活上經常用到的東西難免隨手亂放，說來也是情有可原。

話雖如此，若無限制地允許自己隨手亂放東西，雜亂就會從這些隨手放置的物品開始，一發不可收拾地漸漸蔓延家中四處。

因此，必須先決定「哪裡可以隨手放置物品」，除此之外就禁止隨手亂放，只要切實遵守規定，銀髮族或高齡者的家就不容易恢復雜亂了。

下面將詳細說明，整理過後不再復亂的具體祕訣。

所謂不雜亂，指的是一秒就能復原

・漫無目的的整理一定會復亂

整理跟減肥一樣。如果只把瘦下來（整理乾淨）當成目的，瘦下來（整理乾淨）之後，因為目的已經達成，頓失目標的結果，就是很快地故態復萌。

相較之下，只要有「瘦下來之後想做什麼（比方說去好萊塢演電影等）」的夢想，瘦身後，還是有動力能繼續維持體態；但是如果沒有夢想，就會變成「瘦下來了！心滿意足！又可以開始吃東西了！」

整理也一樣。整理乾淨不是終點，「把家裡整理乾淨，打造理想空間，去做自己想做的〇〇事！」得有這樣的夢想才能維持空間整潔，不會再次散亂。

我曾經整理過一戶人家，屋主夫妻兩人都有正職工作，又要照顧小孩，生活忙碌混亂。

這個家的二樓有個淪為儲藏室的房間，我為他們清理之後重新打造出清爽的空間；他們本來是把洗好的衣服晾在這個房間的陽台上，房間整理好之後，洗好的衣服便晾在房間裡，乾了收下來就可直接折疊收納。

沒想到，隔了一年再度造訪他們家，那個房間竟然放滿露營用具，說是這一年來，一家人迷上了露營。

因為沒有地方收納佔空間的露營用具，只好放在用來晾衣服的房間，而且愈堆愈多。

這時，我想到的解決方法是把衣櫥裡的衣服全部拿出來，再把露營用具放進去。因為露營用具平常用不到，衣服卻是日用品，當收納空間不夠時，至少要把經常使用的日用品拿到外面來。

當然，購買露營用具這件事本身沒有問題；不過重要的是，家中的物品一增加，就必須重新檢視現在的生活。彈性移動物品的位置，是為了讓生活過起來更方便。

常用的東西放在外面

Before

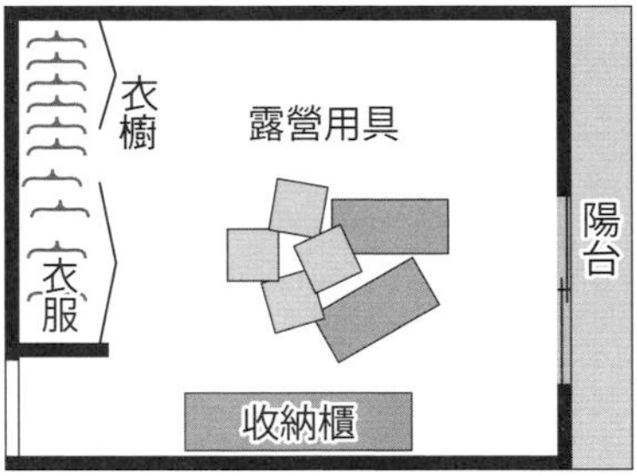

After

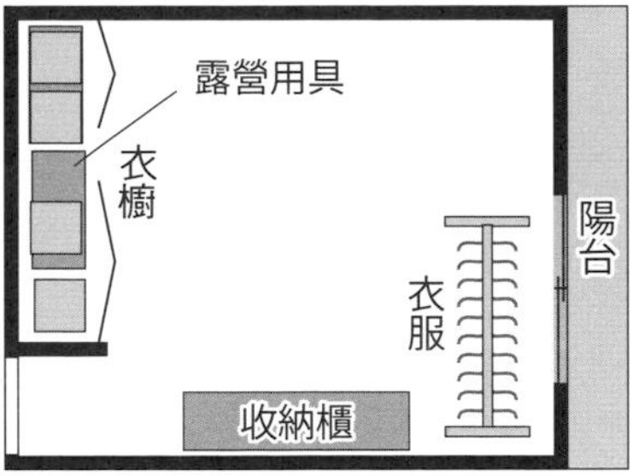

露營用具收進衣櫥裡。
洗好的衣服，直接晾在房間。

如上所述，若尚未確定「想用這個空間來做〇〇」的夢想與希望，人們就會不斷往空出來的地方擺放東西。復亂就是這樣造成的。

為了什麼而騰出空間？要在這空間裡做什麼？請停下腳步再一次思考自己的「夢想與希望」是什麼。

・為每個東西決定位子

經常使用的物品放得太遠，不但每次要用就得去拿很麻煩，用完還得再放回去也很麻煩，結果就是用完之後到處隨手亂放。但是，如果一秒就能拿到想用的東西，用完還能一秒歸位，東西就一定不會散落各處。

或許可以這麼想，東西之所以散亂，是因為距離放東西的地方太遠。

因為嫌放回去太麻煩，用完總是隨手擱置。既然如此，不如把隨手擱置的地方當作那個物品的固定位置。

假設客廳茶几上老是滾落幾根棉花棒，那就在客廳裡選一個固定放棉花棒的地方；如果遙控器總是亂放在某處，那就把那裏當作遙控器的固定位置。

不過，在此我有個請求。

首先，請先立下「桌面上不能設為任何物品的固定位置」的規矩。東西要放在客廳或餐廳都沒問題，不用收到櫃子裡也無所謂，只要決定一個「一秒內可拿到東西」的固定位置即可。（彩頁第二頁）

重點是，放東西的位置和使用場所必須分開。舉例來說，沙發是拿來坐的「使用場所」，如果把洗好的衣服（東西）放在上面，沙發就無法使用了。又比如說，桌子是用來做各種事的「使用場所」，如果把桌面當成東西歸位的地方，就喪失原本的各種用途了。

若發現自己會把東西「隨手放在」客廳的茶几上，就在茶几下方或旁邊放個「隨手放 BOX」，東西用完丟進去就好；或是在茶几附近的小櫃子、餐具櫃或推車上決定一個位置，原本用完隨手亂放的東西，就放回這個定位。

只要能夠一秒歸位，使用之後容易放回原位，整理起來就不那麼痛苦了。

・「不用收納的整理」最為理想

考慮到「一秒歸位」的原則，我不建議把每天使用的物品收在有門的收納櫃中，因為開關櫃門的動作很麻煩。

或許有人認為開關櫃門只要花一點點時間，但是，愈是使用頻率高的物品，就連這點時間也愈令人不耐煩，最後就乾脆不收回去了。

有這麼一個例子。有位媽媽對於孩子們老是把鞋子脫在玄關，不放回鞋櫃的狀況苦惱不已；雖然在他們家的玄關有個氣派的鞋櫃，但是，就算媽媽說破嘴，孩子們就是不把鞋子收進去。

每次脫鞋都得開一次鞋櫃門，把鞋子收進去，孩子們似乎嫌這件事太麻煩。

於是，這位媽媽乾脆把鞋櫃門拆了，將孩子們的名字寫在各自的鞋架上；這麼一來，每天不用媽媽囑咐，孩子也會乖乖將鞋子放進鞋櫃。

仔細想想，這似乎是理所當然的事。他們每天到了學校，都會把鞋子放進自己的鞋箱，從沒見過哪個孩子把鞋子亂放在外面。

家裡的鞋櫃做成跟學校一樣的開放式鞋箱，孩子們就不再排斥收鞋這件事，願意把脫下的鞋子放回鞋櫃裡。由此可知，「一個動作就能歸位」非常重要。

成也櫃門，敗也櫃門，說這一片櫃門能改變一切也不為過；小孩做得到的事，大家一定也做得到。整理這件事，原本就應該如此簡單易懂。

請各位也試著將「不用收納的整理」導入自己的生活中。

・試著拿掉蓋子收納

整理並不是收起東西、眼不見為淨就算了，還要將經常使用的東西放回原本的位置才行。

拆掉櫃門，是為了能一秒拿出和一秒放回東西。既然如此，拉開抽屜之後，如果還得打開另一個箱子或罐子才能拿到東西，就不算是個好方法。

每次都得先拉開抽屜，再打開箱子或罐子的蓋子才能拿取東西使用，不但開關需要花費力氣，多一個動作也很麻煩。

再者，高齡長輩只要一把物品放進箱子裡，就很容易忘記裡面裝了什麼。「看不到＝沒有」，結果就是一再買回重複的東西，家裡雜物愈堆愈多。

打開高齡長輩家裡的抽屜，經常會看見兩種景象，一種是裡面空空的什麼都沒有，另一種則是塞滿看起來完全沒動過的物品。要不是「為了怕麻煩，從一開始就不在抽屜裡放東西」，就是「以為家裡沒有某樣東西，就去買了新的，結果同樣的東西愈堆愈多」。

出國時買的餅乾等伴手禮，大多有著漂亮設計的外盒或罐子，總讓人想保留下來裝東西；但是，這類物品並不適合日常使用。

如果無論如何都想用，不妨試著把蓋子拿掉，以「看得到裡面東西」的方式來使用。

解決「洗衣問題」

‧「洗衣問題」是讓家中不復亂的關鍵

各種家中雜物裡，數量最多的就是衣物，因為百分之九十九的人每天都要換衣服，衣物的使用頻率很高；使用之後當然需要洗滌、晾曬和折疊等作業。

換句話說，在所有家務中，與洗衣相關的家事量僅次於煮飯，程序又相當繁瑣；與洗衣相關的家務只要有一個環節停滯，就會發生衣物堆滿家中的狀況。

若不解決「洗衣問題」，整理好的房子很快就會復亂。

‧盡量縮短洗衣動線

那麼，該怎麼做才能解決洗衣問題呢？答案是重新檢視「洗衣動線」。即使整理完畢，衣物還是會馬上就散亂，原因在於「洗衣服的地方」、「晾曬衣服的地方」及「收下衣物之後折疊放置的地方」的相對位置不佳。只要縮短這幾個地方之間的動線，就能有效防止散亂的衣物重新弄亂整齊的家。

這裡的重點是「收下衣物之後折疊放置的地方」。大部分的家庭裡，家人的衣物是各自放在自己的房間，這麼一來，衣服洗好折好之後，非得分別拿到每個人的房間收納不可。這麻煩的步驟，正是造成衣物散亂家中的主因。

不想讓散亂的衣物再次弄亂整齊的家，訣竅是不要以家庭成員為單位來分類衣物，而是將全體衣物區分為內衣褲、襪子等「每天都要洗的衣物」，和大衣外套、西裝、上衣等「不常洗的衣物」（送洗的衣物）。

然後，「不常洗的衣物」可以家庭成員為單位來分類，比方說小孩的外套就放在小孩房間裡的固定地方，但是全家人「每天都要換洗的衣物」，則要收納在洗衣機或浴室附近的位置，這就是衣物不散亂的訣竅。

襪子和內衣褲等衣物需要每天更換、每天清洗，脫下來的內衣褲和襪子就直接丟進洗衣機，洗好澡又馬上拿得到乾淨內衣褲換穿。這麼一來，這些每天都要洗的衣物就不會丟得到處都是了。

・禁止洗好的衣服放在地板或床上

抱著「放一下就好」的心情，把外套掛在椅子上，或是把洗好的衣服放在沙發、地板上，是常有的事。可是，衣物只要一旦放在地板或沙發上就不會去移動，放在地上的衣物便會成為司空見慣的日常光景。

某個人拍下家中寵物小狗的照片，上傳到Instagram，照片背景卻拍到了掛在椅背上的浴巾，看起來非常邋遢。對看到這張照片的人來說，那條邋遢的浴巾可能比起小狗更醒目。

自己看久了不當一回事，也察覺不出異狀的家中景象，看在別人眼裡卻是雜亂無章，只會讓人覺得你家亂七八糟。

家中復亂的元凶通常是衣物類，所以衣服絕對不能放在沙發或地板上；椅子和沙發是拿來坐的，地板是拿來通行的，不是用來放衣物的地方。

請對全家人發出「嚴禁衣物放在地板與床上」的禁令，並且徹底執行。

・勤洗衣可減少衣服數量

衣服數量太多也是造成家中雜亂的原因。如果不希望整理好的家裡復亂，就要小心別增加太多衣服。

勤洗衣能減少衣服數量，即使是每天都要換穿的襯衫，如果一星期只洗一次，至少需要七件替換，改成每天洗的話，兩件就夠穿了。

多年來，我經常幫一位貴婦整理房子，她家的東西真的很少，看起來非常清爽。她只買品質好的衣服，手邊通常只有幾件高級貨，每年請二手衣業者來收購一次，處理掉舊衣後，再買當季時尚的衣服來穿。

最令我佩服的是，這位貴婦家中只有兩條浴巾，因為每天都洗，兩條浴巾就足夠替換使用了。

只用兩條最高品質的頂級浴巾，每天清洗替換，用舊了再買新的回來，充分享受高級浴巾舒適觸感的奢侈洗澡時間。

從別人送的毛巾到旅館毛巾，有很多人因為捨不得丟就留著繼續用，結果整個櫃子裡都是毛巾。和這種狀態相比，只用兩條浴巾的貴婦生活過得優雅許多。

・常穿的衣服掛衣架，不常穿的收進衣櫃

衣服之所以會散亂，往往和「衣物一定要收進衣櫃（斗櫃）」的死板觀念有關。「總覺得衣服一定要收進衣櫃，可是拿去衣櫃放又很麻煩」、「衣櫃裡已經塞滿衣服，放不進去了」或「在衣櫃裡找衣物很不方便」等原因，於是便把衣服隨便掛在旁邊和室的門框，或是披在椅子上。

如果衣服老是放在衣櫃以外的地方不收起來，不如在固定地方放置一個開放式的掛衣架，把常穿的衣服掛在衣架上，這也是個方法。

如此一來，就不用重複把衣服收進衣櫃的動作，也省去在衣櫃裡翻找衣服的麻煩。

之後，衣櫃只要拿來放不常穿的衣物、當季穿不到的衣物，或是有紀念價值、還不想丟掉的衣物即可。

當衣櫃裡只剩下「永遠收在裡面也沒關係的衣物」，就不用一天到晚打開，也不用埋首衣櫃找尋衣物，更不用替衣櫃換季了。

常穿的衣物掛在一目了然的開放式掛衣架上，從此衣服再也不會四處散亂。

此外，熱愛時尚穿搭的人，也可以乾脆把一個房間打造成衣物間。每次走進去都充滿雀躍期盼的心情，正可說是夢想與希望的房間。

・不要增加衣架數量

不過，這裡有一點需要注意，就是請不要增加開放式掛衣架上的衣架數量。衣架一增加，掛在上面的衣服也會增加；而衣服一增加，家裡就容易變亂。一定要堅持「不多買衣服」的原則。

保持固定數量的衣架，每多買一件新衣就要丟掉一件舊衣，定下這樣的規矩也不錯。

死守「什麼都不放的餐桌」

・崩壞就從餐桌開始

若用倒轉影片的方式，看一個家是如何淪落到雜物多得連地板都看不見，會發現最早是從一個「隨手放」的動作開始的。

以廚房為例，買米回家時，心想暫時放在地上一下就好，而這隨手一放就不動了；接著，米袋旁又多了幾個寶特瓶，然後是一箱罐裝啤酒，再加上廚房紙巾或一大顆高麗菜，最後終於形成廚房裡的「雜物堆」。

隨手一放的東西，會引誘人繼續在旁邊隨手放置其他物品，很快就把那裡變成了一堆雜物，再也無法移動；而最容易發生「隨手一放」的地方，莫過於餐桌。沒有什麼地方比餐桌更適合隨手放置東西，放鑰匙或手機似乎都很自然，廣告傳單、便條紙、眼鏡、筆和錢包等，一個不小心就會放在餐桌上的物品多不勝數。

此外，由於餐桌也是用餐的地方，不少人會把醬油等調味料瓶、牙籤或筷架一直放在餐桌上不收，有些家庭甚至連茶壺茶杯及熱水瓶都固定放在餐桌上。

只要隨手放上一樣東西，周圍放置的東西就會像滾雪球般愈來愈多，直到滾成一個雜物堆。

明明是餐桌，卻不知為何出現與用餐無關的筆筒等文具，甚至有人家中一年到頭把醫藥箱和針線盒放在餐桌上；到了這種地步，已經不能說是隨手一放，根本就是雜物堆。

餐桌上的雜物堆，很快會朝椅子上邁進，然後再侵略地板和沙發；會在家具上放東西的人，一定也會在家具下放東西。這麼一來，雜物堆就像腫瘤一樣蔓延整個家中。

因此，為了不讓整理乾淨的家故態復萌，餐桌上絕對什麼都不能放！做好死守餐桌、淨空桌面空間的心理準備！

空無一物的餐桌桌面，象徵著乾淨整齊的家。

能不能守住這道防線，是日後會不會復亂的關鍵。

無論如何就是忍不住想在餐桌上放東西的人，只好寫張紙條「餐桌不是收納東西的地方」，把紙條貼在看得到的地方吧。

・餐桌不靠邊放

餐桌放置的方式，也可能會讓人忍不住想把東西放在上面；因此，餐桌怎麼擺，也是需要注意的重點。

最容易堆積雜物的，是其中一邊緊靠牆或流理台擺放的餐桌。只要擋住其中一邊，物品就會從那裡開始累積，形成雜物堆。因為有牆壁擋著，東西不會掉下去，靠邊放的餐桌儼然是雜物的溫床，雜物堆就從這裡開始擴大。

為了預防這種情形發生，必須將餐桌搬離牆邊，獨立放置；若是以中島方式擺放，因為餐桌四周經常有人走動，形成流通的空間，較不容易囤放物品。

再者，餐桌以中島形式擺放時，不管東西放在桌面的哪個位置，似乎都很容易掉落，也就不敢隨手放置了。如果你家的餐桌還靠著牆壁或流理台擺放，建議先搬離現在的位置；光是這樣，隨手放置物品的情況就會減少許多。

・把「只放一下」的東西丟進推車

不過，有些人就是無法不把東西放在餐桌上。

尤其是每天必須服藥的高齡長輩，除了藥品，熱水瓶和茶杯也總是必須放在餐桌上，還有不可或缺的面紙，調味料也不能少等等，有各種情有可原的需求。

但是，要是這些物品隨時都放在餐桌上，可想而知旁邊堆積的雜物將愈來愈多；話雖如此，旁邊也無法再空出「一秒歸位」的固定位置放東西了……。這種時候，有個萬不得已的解決方法，那就是在餐桌旁放一台小推車。

推車不能太大，小型推車就好，然後把想放在餐桌上的東西通通放在這台推車上。簡單來說，就是在餐桌之外，再準備一個放東西的地方。

想在餐桌上放什麼時，就往推車上放，只要訂下這個原則，餐桌就能隨時維持空無一物的狀態。

空下餐桌周圍的位置！

Before

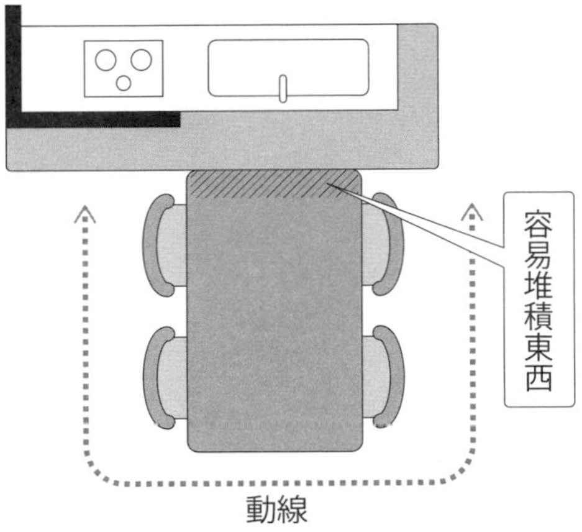

餐桌靠牆放，忍不住就會往上堆放東西。

After

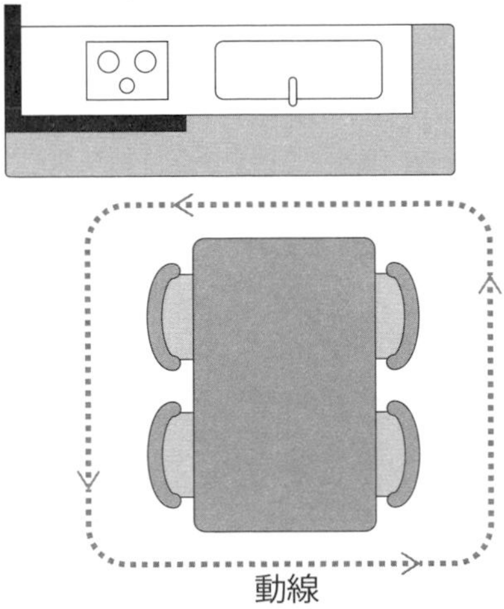

四周方便走動、又不容易堆積雜物的餐桌。

還有，最好準備附有輪子的小推車，假如使用的是無法移動的邊桌，邊桌本身很快就會像顆不動如山的岩石，演變成家中的雜物堆。

而附有輪子可到處移動的小推車，方便物品四處移動流通，更棒的是好打掃，不容易積灰塵。

推車上再亂也沒關係，訂下只能在推車上隨手放置東西的規矩後，就放著它不管吧。

・面紙盒和垃圾桶不分開

如上所述，「放東西的位置」與餐桌這類「使用場所」必須劃下明確的分界線，這是很重要的原則。

餐桌上什麼都沒有，就表示我們可以在餐桌上吃飯，也可以在餐桌上看書，想做什麼都可以，全白的空間有無限寬廣的可能性。然而，一旦在餐桌上放置物品，能做的事就受到侷限了。

不過，或許有人會說，不管怎樣餐桌上都需要放置面紙盒，也有人認為只放面紙盒應該無妨。

可是，只要容許一個例外，接下來就會有「藥也可以放這裡」、「還需要熱水瓶」、「還有茶杯」不斷地增加東西。以我的經驗來說，放了面紙盒的下一步就是放調味料，接著是筷架和筆筒。

連一個例外都不能允許，這才是維持空間不復亂的訣竅。

用完的面紙需要丟進垃圾桶，因此，最好把面紙盒與垃圾桶放在一起；可以在小推車下方加裝垃圾桶，和面紙盒放在一起，或是把面紙盒放在垃圾桶上方。

此外，垃圾桶愈小，家裡愈不容易散亂；因為無法維持整齊的家，特徵是垃圾桶多半很大，而且到處都有垃圾桶。

從丟垃圾的方式，就能看出屋主「堆積物品」的潛意識。

物品也好，垃圾也好，堆積得愈多就愈懶得整理。今後請提醒自己，要過無論物品或垃圾都不堆積的生活。

廚房需掌握垂直收納

・瓦斯爐附近盡量不放東西

想過健康舒適的生活，廚房是整個家裡最需要保持清潔狀態的地方。維持廚房整潔不復亂的原則是：用完一定馬上清理，最好盡量不要放置物品。東西一多，整理起來就麻煩，也不容易打掃乾淨。廚房常產生黏膩油污或食物殘渣，又容易發霉，如果不頻繁打掃的話，一定會愈來愈髒亂；而且油污放久凝固了就更難清理，讓人完全不想去碰，甚至連看都不想看到。

其中要特別注意的是瓦斯爐周圍，一旦弄髒就得立刻擦拭，最好不要放置東西。很多人會把調味料擺放在瓦斯爐四周，卻是容易導致廚房復亂的原因，請盡

正確收納，就能以最少動作煮菜

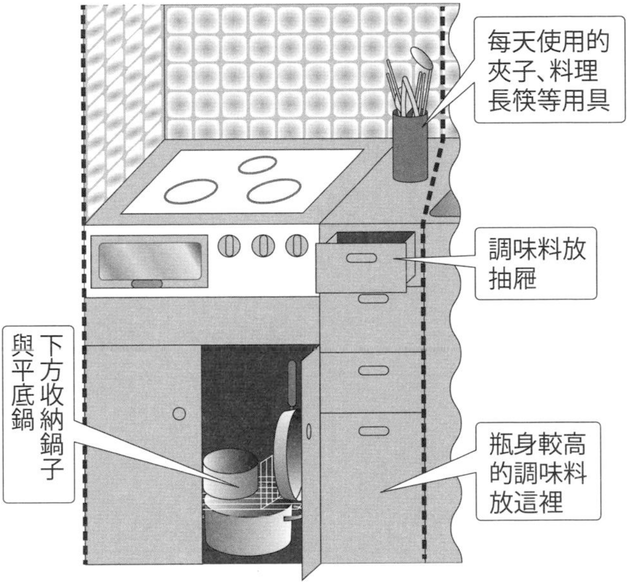

量避免。

將調味料擺在瓦斯爐旁，就無法一口氣擦拭檯面與牆壁；而且裝了調味料的瓶罐又不能清洗，放久了外表沾染黏膩的油污，讓廚房愈來愈髒。

・瓦斯爐附近以垂直收納

調味料不必一直放在瓦斯爐邊，只要收在能馬上取出的地方就好；因此，我建議以瓦斯爐為中心的

「垂直收納」方式。以我家為例，就是收在瓦斯爐旁邊的抽屜裡。

相反地，湯杓、鍋鏟、夾子和料理長筷等用品，則以直立方式放在瓦斯爐附近。為什麼不收進抽屜呢？因為這些是每天都要用到的工具，用完後必定清洗，只要每天洗的話，就不擔心會堆積油汙。

此外，同樣是每天會在瓦斯爐上用到的燒水壺、平底鍋和其他鍋類，一樣以瓦斯爐為中心，採垂直方式收納；換句話說，不是放在瓦斯爐的上方或下方，就是放在一轉身即可拿到的後方櫥櫃中。

站在瓦斯爐前，煮菜的人不必四處移動，需要的物品都在伸手可及之處，以垂直方式擺放。如此一來，不但使用順手不煩躁，廚房也不容易亂。

簡單來說，想像自己站在原地不動，只要伸手、蹲下或轉身就能拿到東西，這樣的收納方式就是垂直收納。

不侷限在廚房，想讓家中東西不散亂，訣竅便是一秒拿出需要的物品，用完後一秒就能放回去。如果採用垂直收納，就能一秒取出或歸位。

・水槽和流理台也以垂直統整

同樣地，水槽和流理台也要注意垂直收納的原則。在這裡做家事時，需要使用的物品一律收納在垂直線上，做起事來就不用四處走動，能以最快速度「拿出」與「歸還」物品，自然不會散落各處。

舉例來說，水槽是用水的地方，與清洗東西相關的洗碗精、菜瓜布、濾網、料理盆及抹布等，只要以垂直的收納方式放置在水槽上方或下方，洗東西時不用移動腳步，就能立刻拿到需要的物品，用完也可立刻歸位。

使用頻率較高的餐具，因為清洗次數多，也可收在水槽上下方，或是轉身就能立刻拿到的櫥櫃中，無論拿取、歸位都很方便。

流理台是用來準備食材的地方，像是切菜用的菜刀和砧板就要放在以流理台為中心的垂直線上，需要時可以馬上拿出來使用。此外，煮菜常用的鍋子及食材，只要以流理台為中心採垂直收納，每次要使用時，就不必跑去別的地方拿。食材等物品還可以放在轉身就能拿到的後方架上，看一眼就知道有什麼，選用起來很方便。除了上方和下方，轉身就能拿到的後方也算在垂直範圍內。

前面提到「洗衣問題」（一百四十頁）時曾說過，做兩件相關事情之間的動線太長時，光是移動物品的過程就可能因受挫而停滯，造成東西散落各處。這時，腦海中也要描繪著夢想與希望，努力整理生活中的物品，實現「整齊不紊亂的生活」。整齊不紊亂的基礎建立在「一秒歸位」，就廚房來說，重點就是先把需要的東西放置在垂直線上。

・以電鍋為起點打造一條垂直線

以電鍋為起點的垂直線

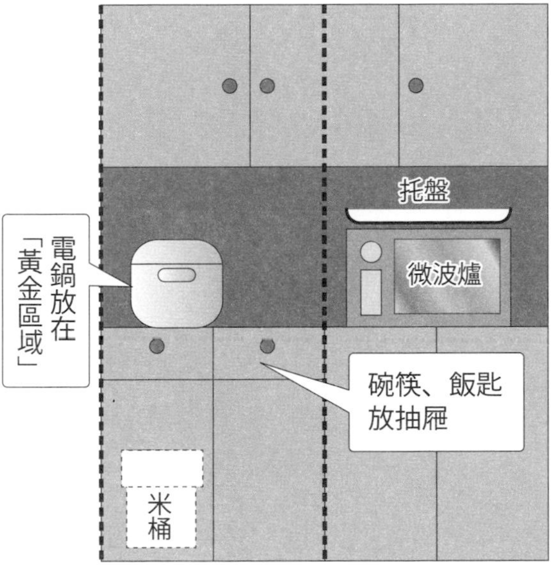

在廚房一年三百六十五天都會做的事，就是從電鍋盛飯到飯碗裡，再端到餐桌上；若是能將這個流程簡化，畢竟是每天都要做的事，節省下來的時間和氣力也不容小覷。多出來的時間就能用在日常整理與打掃等工作，預防家中再次雜亂。

在做這件事時，也可導入「垂直收納」的概念；

以電鍋為起點，米桶、飯匙、飯碗及筷子等跟吃飯相關的物品，全部都收納在一條垂直線上。

飯碗就要放在碗櫥裡、筷子就要收進放刀叉筷匙的抽屜……，要是太堅持這種分類方式，將用具分散收納，使用起來只會浪費不必要的力氣。

首先，將全家人使用頻率最高的電鍋放在「黃金區域」（腰部到背部中間，最適合盛飯的高度），電鍋下方的收納櫃可用來放置飯碗、筷子和飯匙，將這些東西視為組合，一起收納最有效率，而且一秒就能拿出來使用。還有將飯碗端到餐桌時使用的托盤，也可順便收在同一個地方。

・善用托盤

家有托盤則是防止復亂的祕訣之一。使用托盤，能夠一口氣把飯菜同時端上桌，比一盤一盤端有效率多了；吃完飯收碗盤時，一樣能一次收進廚房，相當方便。想像外面餐館上菜和收碗盤的情形，就不難了解。

想要讓餐桌回到空無一物的起點，就讓一次能盛裝並搬運多樣物品的托盤大顯身手吧。

托盤還有另一個好處，就是使用托盤能更容易獲得家人的協助。想避免家中復亂，必須有家人的配合才行；吃完飯後，若能各自用托盤將自己的餐具拿到廚房，飯後清理餐桌的工作將會輕鬆許多。

・隨時提醒自己工作空間要夠大

家事過程中最瑣碎的地方就是廚房，洗菜、切菜、煮菜、裝盤、端菜、收拾、拿出用具……，在廚房裡要做的事多到數不完；繁瑣的項目一多，東西拿來拿去的機會也多，弄亂與復亂的機率當然隨之增高。

廚房整齊不亂的祕訣之一，就是盡量不在工作空間放置多餘的物品。

流理台的位置一旦被瀝水籃或髒碗盤等東西所佔據，窄小的空間讓人難以施展手腳，煮菜的過程也會變得瑣碎拖延，不但容易心浮氣躁，菜渣等垃圾也會散落各處。很多家庭直接將瀝水籃放在水槽旁，這其實是很佔空間的事；洗好的餐具擦乾後，請將瀝水籃收進水槽底下，或是改用大賣場買得到的折疊式瀝水籃，會方便很多。

廚房原本就比較狹窄，做菜或洗碗的空間一定要夠大，東西才不容易雜亂。在廚房做家事總是心浮氣躁的話，就會讓人愈來愈不想下廚。因此，即使是銀髮族家裡的廚房也要動手改善，目標是打造空間清爽，做事有效率的廚房；如此一來，才能激起長輩下廚的意願。

・利用微波爐上方等位置當作工作空間

整理不是把東西收起來就好，甚至應該是製造出新的空間；只要隨時確保足夠空間，想拿什麼就可以立刻拿得到，應該能做很多自己想做的事。

話雖如此，狹窄的廚房空間本來就有限，比起開拓大面積的空間，不如分別在不同地方騰出幾個工作空間；工作空間增加，就不會在同一個地方作業太久，可避免物品囤積。

若是流理台或微波爐的上方有空間，不妨拿來善加利用。（參照第一百五十九頁的插圖）

這類的空間方便做一些簡單的事，像是在流理台上擺盤，或是在微波爐上泡茶等等。

最重要的，是將所需物品放在這些工作空間旁。比方說，如果想在微波爐上泡茶，茶杯、茶壺和茶葉就要放在微波爐旁邊，依照垂直原則來收納，概念就跟以電鍋為起點的垂直收納一樣。

以下是我服務過的案例，那戶人家每天晚上都為男主人調兌水威士忌喝的事起口角。

每天吃過晚飯，男主人就會從客廳櫥櫃裡拿出威士忌酒瓶，走進廚房，取出餐具櫃裡的酒杯，再走到廚房最裡面的冰箱，拿出冰塊和礦泉水；然後，他把酒杯放在流理台上，調好一杯兌水威士忌，又從放刀叉筷匙的抽屜裡拿出攪拌棒。

但是，因為每樣東西分別放在不同位置，讓事後的收拾工作變得很麻煩；他經常隨手就把礦泉水和攪拌棒放在流理台上，喝完的酒杯也直接放在客廳不收拾。不只如此，男主人拿東西調酒時，在狹窄的廚房裡走來走去，又會妨礙正在洗碗和收拾餐桌的女主人。

他們向我尋求建議，我採取的解決方法是：先把冰箱移到廚房的入口，這樣男主人就不必走進廚房；接著，在冰箱旁邊的餐具櫃角落設置一個調酒空間，把盛裝在托盤上的酒杯、攪拌棒和威士忌酒瓶放在這裡。

這麼一來，男主人只要走到廚房入口的冰箱旁，就能完成所有要做的事情。首先，從冰箱拿出冰塊和礦泉水，再利用一旁的調酒空間調好兌水威士忌；然後，把水和冰塊放回冰箱，直接端起托盤走回客廳即可。

喝完這杯酒，也只要再端著托盤走回廚房，在水槽裡洗完酒杯後放回原位，順便連明天的調酒準備工作都完成了。

只要製造出一個工作空間，就能解決男主人的「調酒問題」，家裡也不再亂七八糟。

收納就是注意「範圍」

・以後倉制度來死守空間

好不容易騰出的空間，要是又開始「隨手一放」，導致雜物愈堆愈多，肯定會故態復萌，恢復雜亂。如果無論如何都改不掉隨手亂放的毛病，那就做個用來隨手放置東西的「後倉」吧。

通常，後倉大多用來指倉庫，但在這裡，我對後倉的定義則是以下三點。

①不是用來存放物品的地方，而是讓物品在這裡待機、備用。

②基本上要保持隨時都能取用的狀態。

③擺放的方式必須能一目了然。

放在這個後倉的只能是「要用的東西」，既然不是存放收納之處，東西就不能放在這裡不動。

隨著年紀的增長，高齡長輩常有「東西一收起來就忘了」的特性，因此，放在後倉的物品要「一眼就看得到」才行。

這是我一位客戶家中的情形。高齡獨居的她，家裡存放著數量龐大的乾貨和調味料等食材，但是只要家中一有空隙，她就像松鼠一樣把食材往家裡塞；結果連自己都搞不清楚哪裡放了什麼，陷入重複購買相同物品的惡性循環。

於是，我為她打造了一個後倉。將書櫃搬到廚房最裡面當作後倉使用，把她總是隨手放置的東西，像是食材或調味料等，全部放在這個櫃子上；並且把抽屜拆掉，以一目了然的方式將飲料與食材擺放在層架上。

不需要分門別類整理，因為所有東西都放在架上，一眼看去就知道有什麼，也就不會重複購買了。

・那裡能放多少東西？用「範圍」的概念思考

整理銀髮族、年長者的家時，首先是要確保基本的生命線與生活動線，以製造出空間為優先。

關於收納的事最後再說，尤其是收納櫃內的整理，我常常告訴他們：「想做的話，有空時再慢慢做就好。」

只要能一秒取出需要的物品，櫃子裡那些看不到的地方亂一點也無所謂，抱持著睜一隻眼、閉一隻眼的態度，才不會造成壓力。

不過，如果想要擁有理想的收納，收納櫃內最好不要放滿東西，拿取時會比較輕鬆；有多餘的空間，才能好好地收納物品，家裡也比較不會復亂。

想在收納櫃內保留一定程度的空間，必須要有「範圍」的概念。這個收納櫃能放多少東西？掌握整體範圍，不放超過範圍的數量，也不買超過這個範圍的東西。

假設衣櫥只能放得下二十件衣服，你卻擁有三十件衣服，剩下的十件就得放在衣櫥外面；唯有把超出範圍的東西處理掉，家裡的東西才不會多到滿出來，讓屋內再次變得雜亂。

買一個新的回來，就要放棄一個舊的，必須隨時提醒自己，東西不能超出收納的「範圍」。

・一秒就能收起來的廚房收納

只考慮收納的話，像是在物品貼上方便辨識的標籤、分門別類整理、把物品分成放在「黃金區域」與「非黃金區域」，或是買大量相同的收納用具，讓外表看起來美觀等，有很多方法。

可是，這些充其量只是「為了收納東西」而做的事，如果只追求這個，再怎麼努力整理也沒有意義。

收納櫃裡整理得再整齊，若是不能在人們需要的時候迅速拿出物品，或是一次所需的物品卻分別收納在家中各處，造成使用後歸位的麻煩，結果就是用完隨手亂放，讓好不容易整理乾淨的家再次變亂。

最重要的，應該是去思考「我要在這個家裡做什麼？」或「我想在這個空間裡做什麼？」

「我想在這個空間裡做○○，所以需要用□□來收納。」像這樣，以人（空間）為出發點，來思考哪裡該收納什麼，才是最重要的事。

主角是人，以人（空間）為中心來決定東西（收納）。

舉我家為例，冰箱對面的流理台上，有個專門讓孩子們自己把麥茶裝進水壺的小空間，而他們的茶杯就放在流理台下方的抽屜，水壺則放在流理台上方的層架；不是放著沒收，這裡原本就是放茶杯和水壺的固定位置。

如果只考慮收納，大多數的家庭都把茶杯放在餐具櫃裡，水壺則是放在流理台的下方。

然而，這些東西一旦分開放，孩子們從冰箱裡拿出麥茶來喝，或是要把麥茶裝進水壺時，都必須四處移動才行；不但非常不方便，也是造成東西散亂的原因。

要孩子們養成良好習慣很難，到最後這些事只能由媽媽來做，又會造成媽媽的負擔。

我家小孩每天放學回來後，一定會先喝杯麥茶，再把麥茶裝進水壺裡，帶去補習或參加社團活動。在冰箱前保留裝麥茶的空間，所需的物品也都放在附近，這不是理所當然的想法嗎？

不要「站在東西（收納）的出發點」，而是站在使用者，也就是「人（空間）的出發點」來思考。

為了讓孩子學會自己的事情自己做，把他們需要用到的東西，放在使用時的場所旁，這就是整理的基本概念。

根據這個概念，像是拉開廚房抽屜時，看到餐具和調味料一起放在最上層，這種事也就不足為奇了。

在我家的電鍋旁放著成套的碗筷和飯匙，這也不是「站在東西的立場」，而是

這就是一秒就能拿取的廚房收納

Before

最常使用的電鍋與微波爐下方，正是收納的黃金區域。

After

從容器、筷子到保健品，凡是經常使用的東西都能放進去。

「站在人的立場」所做出的擺放方式。（參照右頁的照片）

飯碗就該放在餐具櫃、筷子就該放在刀叉筷匙的專用抽屜、飯匙要和烹飪用具放在一起……，捨棄這些以物品來分類的先入為主觀念，不要讓人去配合東西移動，而是配合人來放置東西，精選日常生活會用到的物品，放在一秒就能拿取及歸位的地方。

・抽屜裡的東西不要疊放

關於不復亂的收納，在這裡要追加一項訣竅，那就是「抽屜裡的東西不要疊放」，這樣東西才不會增加。

比方說，高齡長輩家中的抽屜裡經常塞滿東西，仔細一看，卻發現是一大堆買布丁或優格時附送的小湯匙，或是幾十年也用不完的免洗筷和橡皮筋。

把抽屜裡的東西全部拿出來，發現實際上用得到的物品寥寥無幾，剩下的幾乎都是用不到的東西；因為層層疊疊擺放的關係，根本不知道底下放了什麼。

老人家通常沒那個精神與體力清空抽屜裡的東西，更不要說是強迫他們整理了。

只是，至少要改掉在抽屜裡疊放東西的習慣；不妨在抽屜裡放入整理用的分隔板，而且能立著放的東西就立起來放。

把頻繁使用與不常用的物品分開收納，光是這樣，取出東西和歸位時都會容易許多。

第五章　說服父母整理時的魔法咒語

整理老家就從溝通開始

上了年紀之後，幫年邁的父母整理老家，是很多人正迫切面臨的問題。時常聽說有人回到睽違多年、父母所居住的老家，對於屋內竟有超乎想像的大量雜物而驚訝不已的事情。

不過，不先經過溝通，一回家就動手整理父母的東西，可以說是踐踏父母心情的粗魯舉動。父母當下的狀況一定出於他們自己的考量、苦衷和想法，重要的是傾聽他們的心聲，釐清家中堆滿雜物的原因。

我在幫長輩整理居家時，一定會先好好聽對方說話；把我自己的方法論帶進對方家中，用這套方法進行整理工作當然很簡單，但卻無法帶給老人家幸福的生活。

對方才是每天住在這間房子裡的人，所以我會問：「伯母想在這個家裡過什麼樣的生活呢？」、「伯父您的嗜好是什麼呢？」經過一番長談之後，才正式展開整理工作。

整理年長者的家，與其說是「動手做事」，不如說更接近於「溝通」。

至於技術層面要怎麼做呢？首先，我們必須坐下來，和老人家保持相同高度，並且要正面注視著對方，讓他們能一個字一個字聽清楚我們說的話。

我們平常習慣站著說話，但是彎腰駝背的老人家跟別人站著說話時，不免會有對方高高在上、頤指氣使的感覺。

高齡長輩的視野也只剩下年輕時的八成左右，從高處或旁邊跟他們說話時，他們可能看不到說話者的表情和手勢，只聽得見聲音，有時甚至會產生「忽然被大聲斥責」的印象。

因此重要的是：我們得先坐下來，配合長輩的視線高度，和他們面對面說話。

而且，很多老人家聽力衰退，但是又不想被人發現，於是明明沒聽清楚，卻經常裝成聽懂的樣子；過了一段時間，就會發生一方堅持「我不是說過了嗎！」一方反駁「我沒聽你說過！」的爭執。

與長輩溝通時，重點是視線高度相同，放大音量，一字一字說清楚。

別自己一個人整理

常會看到女兒或兒子一個人回家幫父母整理的案例，因為是自己的老家，不想給配偶添麻煩，或是認為家裡的事情由自家人解決就好。

可是，一個人扛起所有問題，對心理和身體都是極大的負擔；再說，親子之間容易情緒化，明明只是小問題卻鬧得不可開交，也是常有的事。因此，整理時愈多人一起參與愈好，最好能請無血緣關係的第三者加入，這樣對父母或子女都能減少煩躁情緒與壓力。

有一家人的情況是，嫁到四國的女兒不時回東京幫父母整理老家，但是，每次都以親子吵架收場。

站在女兒的立場，自己特地花了車錢從四國回來幫忙整理，父母卻一點也不肯聽自己的意見，讓她氣得要命。站在父母的立場，偶爾回來的女兒卻要插手家裡的事，命令父母做這個、做那個，他們當然也不高興。

因為這樣，這個家庭的整理工作毫無進展。有一次，女兒帶了先生一起回東京，父母看到女婿也來了，態度就變得比較客氣。

一如往常開始起爭執時，立場較中立的女婿介入調解，父母和女兒也就不好太過情緒化，不再吵得不可開交。

對父母而言，只會對女兒抱怨的話語，因為女婿也來幫忙整理就說不出口，整理工作反而照計畫順利進行了。

像這樣，不把責任擔負在特定的某個家人身上，盡可能加入無利害關係的第三者，讓周圍親友也共同參與整理工作，親子雙方既不會太疲累，也不會因為情緒化而造成關係複雜。

請專業整理師或義工來幫忙也是個辦法，若是想找較為親近的人，不妨拜託沒有血緣關係的姻親或配偶一起來幫忙。如果有孫子，刻意帶孫子來協助整理也不錯；世上沒有不疼愛孫子的阿公阿嬤，孫子通常能成為良好的潤滑劑，讓整理工作順利進行。

別在意父母的每個反應，大概回答一下就好

老人家多半討厭改變習慣的事物，在整理的過程中，經常會提出各種抱怨。不過，那大多只是隨口說說或耍任性；而且，他們總是昨天自己說過的事今天就忘了，做子女的不必把眼前聽到的話一一放在心上，看開一點，繼續整理比較

重要。

只要大致上按照父母「希望過○○生活」的目標整理，結果也能達到目標就好；整理過程中記得要不斷溝通，放寬心胸看待父母的抱怨，不必全部聽進去。

以那位從四國到東京協助父母整理老家的女兒為例，起初女兒獨自回家幫忙整理時，每整理好一個地方，父親就會抱怨「找不到東西」或「原本那樣比較好」。

對於父親的抱怨，女兒總是一件一件加以解釋或反駁，因而疲憊不堪。

我在為年長者整理家中時也常遇到類似狀況，明明是屋主自己提出的要求，卻又忽然反悔，不是說「床的位置還是恢復原本那樣比較好」，就是抱怨「還是希望把餐具櫃放在客廳」等等。

這種時候，我會接受對方的情緒，收起不耐煩表情說：「那就恢復原狀喔？」

或是「不然客廳再重新整理一次吧？」通常，對方只要聽我這麼一說就釋懷了，最後還是表示「不用啦，就這樣進行吧。」

到了隔天，屋主通常已經忘記自己昨天說過什麼，但也可能又會提出新的抱怨，就當作這是一定會遇到的事，告訴自己「不要跟長輩計較這麼多」。抱著這種態度聽他們說話，是讓自己不會生氣也不會心累的訣竅。

某位上了年紀的客戶曾說：「父母還能對你抱怨是值得慶幸的事。」這話確實沒錯。

「我家爸媽還有精力能抱怨，不錯啊。」能這樣想是子女的孝心；相對地，抱著「都特地來幫你們整理了，還這麼不知感恩。」的想法整理老家，只會徒增自己的疲累。

別擅自決定什麼東西不要

看到父母家中數量龐大的物品，做子女的經常忍不住脫口而出：「這些東西不要了吧？」對父母來說，沒有比這更沒禮貌的話。

別人眼中的破銅爛鐵，對父母而言可能是情同家人，甚至比家人更重要的東西；被自己的孩子視為垃圾，劈頭就說：「這種東西不要了吧？」聽在他們的耳裡，簡直就是找架吵。

來參加講座的學生當中，有人氣沖沖地跑來跟我說：「老師，請聽我說！我媽家裡留了一大堆鍋子，餐具也都不准我丟。」

在這位女兒眼中，媽媽家裡一定有很多她想清理掉的東西，可是，媽媽會把那些東西留下來，也一定有她的理由。

我說：「她可能是想在家人回家或客人上門時做菜給大家吃吧？」學生不滿地說：「可是老師，我媽連我小時候用的馬克杯都不肯丟耶？」

「或許對令堂而言，那是她最開心、最懷念，也最幸福的一段時光，所以捨不得丟掉吧？」學生仍懷疑地說：「真的嗎？」

我又問：「妳之前多久沒回老家？」學生說：「已經三年沒回去了。」原來如此，我一聽心裡就明白了。

長達三年沒回家的女兒，一回來就說：「這個不要了，那個也得丟。」真教我忍不住同情起這位媽媽；既然是這樣的親子關係，也難怪這位媽媽寂寞得連鍋碗瓢盆都捨不得丟。我婉轉地給女兒建議後，她也深切反省自己，之後就經常回家探望母親了。

高齡長輩放在家裡的物品，對他們而言都是重要的東西，千萬不能輕易說出「這種東西不需要了吧？」等失禮的話。

我幫一位超過八十歲的老爺爺整理家中時，發現他家有著堆積如山的郵票。

我問老爺爺，為什麼要囤積這麼多郵票，他的回答是：「如果要寫信給兒孫，就得用到郵票了吧？」可是，這位老爺爺的兒子和孫子已經好多年都沒有回來探望他了。

為了這樣的兒孫，老爺爺囤積了幾十年的郵票。

看在別人眼中，這些郵票根本派不上用場，是家中不需要的物品。可是，對於持續等待兒孫回家的老爺爺而言，這些郵票撫慰了他幾十年來的寂寞心情，我實在無法隨便處理這些郵票。

我心想，非得幫老爺爺好好整理這些郵票不可。

絕對不能丟掉。

老人家珍惜的東西，往往是他們的人生、回憶與愛。

我們也應該像他們一樣珍惜這些物品，這是天經地義的事。

只要將這份心意告訴對方，老人家也會願意信任我們，放手讓我們整理。那次，我連一張郵票都沒有丟掉，幫老爺爺好好地整理起來。

自己萬分珍惜的物品，對方卻說：「這不需要了吧？」就算是骨肉相連的親人，也不想讓他碰家裡任何一樣東西，長輩會這麼想也是無可厚非的事。

只想「丟掉就好」會折壽？

父母這一輩的人或許會開始出現失智症狀，就算腦筋還很清楚，身體卻多半不聽使喚，想要整理也無法如心所願。

所以，最好別逼父母決定「這東西要留？還是不留？」

隨著年齡增長，人的判斷力本來就會衰退，要高齡長輩馬上做出「要留？」「不留？」的決定，那場面簡直就是地獄。

因為判斷力衰退，所以做不出丟掉東西的決定，更何況要他們一口氣整理完大量雜物，那是絕對不可能的事。而且，家中物品代表了父母這一輩子的人生，花了幾十年才建立的人生，怎麼可能在一兩天內就做出要留不留的判斷。

有這麼一個例子，是我去幫外地的某位貴婦整理住宅時所發生的事。在這之前，她已經清理過老家和原本住的房子，丟掉不少東西，這次斬釘截鐵地說：「我已經沒有要丟掉東西了。」只是，自從兩年前搬進現在住的房子，她就一直為堆在某個寬敞房間內、尚未開箱整理的紙箱而苦惱不已。

現在住的房子是她的第四個家，換句話說，這個大豪宅裡的物品，來自她之前住過的四個家；即使包括我在內有八名工作人員共同整理，仍不是一件容易的事。

工作人員將每個房間裡的東西集中起來，搬運到大車庫內，在那裡和貴婦一起進行「要留？不留？」的判斷。

然而，過了不久，貴婦的臉上開始出現疲憊的表情。

「她會不會累得昏倒啊？」工作人員不禁擔心起她的身體狀況，不到中午就暫停了整理工作。

如果有取代那東西的夢想，就會甘願丟掉

這件事還有後續。早就料到貴婦會有這種反應的我，一個人做著和其他人不同的事；我把明明採光很好卻堆滿紙箱的房間清成「空地」，著手將那裡打造為漂亮的「客房」。

貴婦的夢想與希望，是擁有能經常招待客人上門的家；我為了實現她的夢想，在那裡佈置出一個客人隨時都能留下來過夜的房間。

交遊廣闊的貴婦，之前就說過希望能隨時留宿客人，於是，我為她的客人打造出宛如飯店一般氣派的客房。

隨時能邀請客人
留宿的客房

Before

After

上・堆滿雜物的房間。
下・脫胎換骨為漂亮的
　　客房。

其實，原本在這個房間裡就有張床，只是被大量的紙箱所淹沒，連貴婦都忘了床鋪的存在。我把這張漂亮的床挖掘了出來。

完成客房後，我把正在車庫篩選物品的貴婦請了過來。「我為您打造了一間隨時可留宿客人的房間喔，您覺得如何？」

看到灑落著燦爛陽光的客房，貴婦高興得不得了。我想，她腦海中一定浮現家中訪客絡繹不絕的幸福景象了吧。

「這樣就能隨時留客人過夜了！」一旦開始描繪對未來的夢想與希望，貴婦心中似乎出現了某種轉變。

「搬到車庫裡的東西，全都不要了！」「棉被也不需要那麼多。」

看到貴婦的轉變，工作人員都非常錯愕。明明花了一個上午的時間，那些「要留？不留？」的決定彷彿永遠做不完，作業毫無進展；現在她卻瞬間就說：「全部都不要了！」

大家看著我，臉上的表情像是在問：「妳施了什麼魔法？」不過，這可不是魔法，我只是為貴婦實現「夢想與希望」而已。

就像這樣，遇到整理工作遲遲沒有進展時，不妨先到另一個地方打造出一間理想房間；只要打造出「夢想與希望」的空間，屋主自然能下定決心，丟棄對夢想而言不需要的東西。

之所以討厭整理，是因為我們總是忘了去看夢想與希望，眼中只有「物品」。「這個漂亮的房間裡，需要的物品是什麼？」「要如何裝飾呢？」面對夢想與希望，進而著手整理，篩選東西將不再痛苦，而轉變為開心的事。只要眼中看的是未來的夢想而不是物品，人就能向前邁進。相較之下，沒有夢想，只是一味逼自己決定「要留？不留？」，就會受困於過去，產生「這些都是回憶，捨不得丟棄」的執著，整理工作當然也就停滯不前。

換個說詞，讓他們主動想整理

絕對不能對年長者說的是：「這個可以丟掉嗎？」或「這東西不要了吧？」這種說詞形同否定他們所重視的物品，是無視長輩尊嚴的無禮言詞。

那麼，應該用什麼說法，才能讓他們心甘情願地接納我們的意見呢？

①用「您想怎麼做？」取代「否定」

〈範例〉有張想清理掉的椅子。

NG 說詞：「這張椅子不要了吧？」「你沒在坐這張椅子了吧？」

OK 說詞：「這張椅子，您打算怎麼處理？還想坐嗎？」

同樣都是整理，如果用「這椅子用不到了吧？」「你不坐這張椅子了吧？」等言詞，單方面做出決定，只會讓長輩做出情緒化的反駁。

可是，用「您打算怎麼處理？」來徵詢長輩的想法，他們自己也會開始思考「該怎麼辦呢？」進而提出一些想法。「既然這張椅子沒在坐了，有必要留下來嗎？」事情或許就會朝這個方向發展。

此外，即使當下長輩回答「還想坐」，也可以趁機提出「那就把周圍整理一下，才能好好坐這張椅子。」或「把這張椅子搬到坐得舒服的地方吧」，甚至是「不如換張更好坐的椅子」等建議，避免整理工作停滯不前。

②加以讚美，結合對方的開心經驗

〈範例〉家中餐具堆得像座小山。

NG 說詞：「你不需要這麼多餐具吧？」

OK 說詞：「家裡有好多漂亮的餐具喔，畢竟媽媽擅長做菜嘛！要是像以前一樣，常有客人上門一定會很開心。要不要稍微整理一下這些餐具，再邀請客人來玩？」

孩子回父母家幫忙整理，本來是件令人欣慰的事，但現實卻不如想像；因為孩子們一回來就認定父母家「髒亂」、「雜物太多」。劈頭就被孩子這樣批評，任誰都會生氣。

我造訪需要整理的客戶家時，就算屋內已經呈現垃圾屋的髒亂狀態，我也絕對不會用「好髒」、「好亂」這種詞句來形容；不僅如此，連「丟掉○○吧」也不會說，就只是動手整理而已。

要做到這樣，首先得稱讚對方。對方所堆積的大量物品，可能是他精心挑選的東西，或是非常喜愛的物品，要從這裡展開與對方的溝通。

我問：「阿姨，您有好多漂亮的布料喔！是不是很會做衣服啊？」

對方回答：「沒有啦，那都是以前的事了！我本來是洋裁老師。」像這樣製造機會，和屋主聊聊過去的事。

「難怪您的衣服這麼漂亮，是自己做的嗎？好好看喔！等這裡整理好，再開一次洋裁教室吧！」這樣就能把整理這件事與她過往的開心經驗連結起來，帶領對方描繪對未來的「夢想與希望」。

至於整理好之後，是不是真能開洋裁教室並不重要，只要想像中的未來是快樂的，人們就會開始朝著那個方向，篩選自己手邊的物品。

③問放棄整理的人「有沒有想見的人？」

〈範例〉說著「反正我都快死了，別管我」的父母。

NG說詞：「你死了，留下這些東西會造成別人困擾。」「這樣下去很丟臉。」

OK說詞：「你有沒有想見誰？我去找他來？」

年邁父母對整理提不起勁時，子女有時會賭氣說出「家裡髒成這樣太丟臉」或「你死了留下這些東西會給別人添麻煩」等無心之言，想藉此威脅父母動手整理。然而，親子之間說這種話實在太悲哀了；無論如何，我都希望整理是一件朝「夢想與希望」前進的事。

話雖如此，對生命失去期望的人，有時很難想出自己「想做什麼」，硬逼他們回答「想做什麼？」或「沒有什麼想做的事嗎？」往往會得不到預期的答案。

這種時候，我會向對方提議「可以在這個家裡做的事」，就像前面說的「再開一次洋裁教室」就是一例。不過，就算不是這麼遠大的夢想也沒關係，還有一個問題可以讓大多數人都回答得出來。

那就是「有沒有想見的人」。

活了幾十年，這輩子總有一兩個想見的人吧。

「欸？家裡亂成這樣怎麼見人？」對方可能會驚訝地這麼說。這種時候，就可以用「所以要整理成能見人的狀態啊。這麼一來，那套從沒用過的漂亮咖啡杯也可以拿出來用了。」等話語，為對方製造夢想。

姑且不論這個夢想是否真能實現，只要腦中浮現夢想成真時的快樂光景，就會產生雀躍期盼的心理，說不定還會主動說出「這樣的話，那個缺角的咖啡杯就不要了。」我們也可以順勢提出「不然把櫥櫃裡的餐具全部換掉吧」等建議，整理工作自然會有所進展。

④對「事」不對「物」

〈範例〉家中有大量派不上用場的毛巾。

NG 說詞：「這毛巾還要嗎？不要了吧？」

OK 說詞：「〇〇來的時候，可以讓他用這條毛巾嗎？」

去高齡長輩家中時，經常發現有多得用不完的毛巾、貼身衣物和毯子類物品，有些人則是囤積了大量的衛生紙和洗潔劑，也有人家裡清出好幾百個布丁杯或小湯匙。

要是對著這些東西一樣一樣認真詢問「要留？不留？」，因為所有東西都「還能用」，最後會沒半樣是可以丟掉的東西。

我曾經有個這樣的案例，那戶人家中擁有多到令人窒息的衣服，因為高齡的屋主很喜歡買衣服。

即使說了「今天要努力丟掉衣服」，花上一整天時間判斷「要留？不留？」，最後她說「不需要」的衣服，只裝滿兩個垃圾袋。因為衣服實在太多，其中不乏買回來卻一次都沒穿過、甚至連自己也忘記買過的衣服，而這些衣服當然不可能丟掉。

這已經是很久以前的事了，對我而言也是不堪回首的回憶。順帶一提，當時我為這家人想出的解決方法是：把所有衣服用開放式掛衣架展示在房間裡，這麼一來，喜歡衣服的屋主在衣服的環繞下，就能獲得加倍的幸福感受。

同時，她也答應：「一定會努力不再買更多衣服了。」

總而言之，如果眼中只有物品，整理工作就會停滯不前。因為會出現在眼前的東西，都是「還能使用」的東西，要是去問屋主「要留？還是不留？」答案肯定是「要留」。

所以，判斷「要留？不留？」的標準不是物品，最好從「夢想與希望」的角度，看這東西是否能帶來雀躍期盼的未來，才能進一步判斷「要留？不留？」

「媽，這東西還要用嗎？」或「這個還要嗎？」的問法，會讓注意力集中在物品上，換來的一定是「要留」的答案。

不妨改成「客人上門時，會覺得這東西很棒嗎？」或「〇〇來的時候，會喜歡用這個嗎？」的方式提問，讓長輩聯想到未來的夢想或可能發生的事，才是比較妥善的問法。

⑤用請求取代命令

〈範例〉想移動餐具櫃。

NG說詞：「這餐具櫃好礙事，搬到客廳去啦！」

OK說詞：「這餐具櫃要是能放在客廳，使用起來一定比現在更方便。」

上了年紀的人不喜歡變化，因為他們深知自己的體力衰退，更會堅持維持原狀。就算身為兒子或女兒，也不能用命令的語氣指使他們。

雖然長輩嘴上什麼都不說，子女往往以為他們認同自己的意見，殊不知有時長輩的內心已經受傷。整理的時候，嘗試著不要用命令語氣，而是用請求的口吻，好言相勸。

不是「這樣做就對了」或「一定要這樣做喔」，而是「這樣做好嗎？」或「不能這樣做嗎？」用徵詢的口吻拜託長輩看看。

這麼一來，就算他們內心仍有異議，看到子女願意徵詢自己的意見，自尊心獲得滿足，也就願意照子女的想法去做了。

不是以配合我們的方式來整理，重要的是提出能讓長輩生活更舒適的意見。不能強迫，一切都要出於體貼的心情。

我常用的方式，是先嘗試做一件容易達成的小事。比方說，長輩非常珍惜擁有已久的絨毛玩偶，那就全都不要丟掉，而是打造出擺放絨毛玩偶的地方；如果長輩抱怨沒有地方能靜下心來使用電腦，那就先清理出一個這樣的空間。換句話說，先去實現對方小小的要求，建立良好的信賴關係後，再以「讓生活更舒適」為理由，提出移動大型家具的建議。

獲得長輩信賴之後，再提出「這個餐具櫃可以搬到其他地方嗎？」或是「這張沒人坐的沙發，搬到置物間去好嗎？」這類要求，他們也比較容易接受。

還是有可能得等到父母過世

父母無論如何都不想整理的話，有時我也會建議做出最極端的選擇，那就是「等他們過世再整理吧！」父母在世的日子不多了，不需要強迫他們整理，惹得他們不開心。

強迫老人家做不想做的事，往往會使他們的健康出狀況。我也曾在前往客戶家整理的前一天或當天收到「老人家住院了」的通知，而且不只一次兩次。既然老人家排斥整理，以至於身體出狀況到要去住院的地步，實在不應該強迫他們整理。

「可是，這樣繼續住下去會有危險。」也有子女會這麼說；但是，當我問對方：「這麼危險的話，就算不把東西丟掉，也可以先搬到其他房間去，您有試著這麼做了嗎？」答案通常是沒有。

人們總是嘴上說「整理是為了父母」，但其實還是為了自己，怕父母過世後自己整理起來麻煩，也怕自己受到外人批評，所以才會催促父母在世時整理乾淨。其實你這些心思，父母早就看透了，也才會傷心到弄壞了身體。

強迫父母整理，真的是為他們好嗎？如果父母無論如何都不想整理，我認為尊重他們的心情才是真正的孝順。

不過，為了避免屋內雜亂的狀況危及生命安全，還是必須想辦法確保最低限度的生命線；話雖如此，這也不是一定要丟掉東西才辦得到的事。在傾聽父母的想法，尊重父母心情的前提下，不丟棄東西，改以移動的方式整理，向他們保證「放心吧，什麼都沒丟掉」，也有這種能讓他們安心的整理方式。

父母想要的只是安安靜靜、平平穩穩地過日子，享受生活中的微小幸福。只有身為子女的你，能讓他們擁有這樣的環境。

比起「臨終活動」，活在當下更重要

「生前整理」是我在十多年前創造的詞彙。從那時開始，為年長者整理住宅的工作愈來愈多，我看著與大量物品搏鬥的高齡長輩，希望他們能將堆積多年的雜物整理好，度過清爽舒適的第二人生，於是創造出這個詞彙。

換句話說，我提出的「生前整理」，本意是希望年長者能長命百歲，度過幸福快樂晚年生活的積極正面詞彙。

另一方面，近年來日本社會也流行起「終活」這個詞。「終活（臨終活動）」的意思似乎是「思考人生如何終結的活動」，只是人在邁向死亡時所做的整理，與夢想或希望無關。

真要說的話，「終活」或許是在離世前就先放棄的哀傷詞彙。現在「終活」和「生前整理」這兩個詞彙，經常被放在類似的文章脈絡裡使用，其實原本的意義完全不同。

我去幫高齡長輩整理住宅，支援的不是邁向死亡的「終活」，而是希望他們今後仍然健康快樂地生活，我所做的是「為了活下去」的整理。

只是為死亡而做準備，或是為了不想給家人添麻煩才整理，無論如何心情都是消極負面，呈現自虐的狀態。這樣的整理行為，是件很痛苦的事。

相對的，如果整理是為了讓自己能健康幸福地度過剩下的人生，就能懷著雀躍期盼的心情投入了，不是嗎？

整理是為了過得幸福

前陣子，我接受了一個整理委託。委託人的父親原本是公司的經營者，父親過世後，身為獨生女又未婚的她繼承了所有的遺產。

因為有很多財產，她不斷地買東西，以至於堆滿整個家中。委託人對我說：「我不想活太久，怕我死了之後給別人添麻煩，所以想整理家裡。整理完以後，就隨時都可以死了。」聽她說完這種喪氣話，我忍不住回答：「怎麼這麼說呢，請別放棄啊！」

我先是對她說：「就算只能多一天也好，希望您能過著幸福的生活，千萬別說不想活太久那種話。」接著，我又問她：「您有什麼想做的事嗎？接下來想做什麼事？」

沒想到，委託人回答：「我只想整裡家裡，這就是我想做的事。」我心想，也難怪她會有「不想活太久」的想法，人生竟然「以整理為目的」，沒有半點夢想或希望。

我在前言裡也提到，「整理」並不是目的，而是方法，為了讓自己活得幸福、有活力，抱持希望而生存的方式。要是把「整理」當成目的，就會出現連自己的人生都想「清理掉」的悲劇行為。

這位委託人家中有許多華麗的禮服。

「好多禮服喔，是什麼時候穿的呢？」

我試著這麼問。

「我以前是香頌歌手，開演唱會時穿的。」

「咦？您是香頌歌手啊？好厲害！」

我感到意外。

委託人說，演唱香頌音樂原本是她的興趣，後來愈唱愈好，曾在父親經營的公司舉辦派對時上台表演，也會在家裡開小型演唱會。

「既然如此，那就再開一次香頌演唱會嘛！把家裡整理得可以邀請客人上門，在家開一場演唱會，這樣不是很棒嗎？」

於是，委託人的表情瞬間亮了起來，忽然神采奕奕地說：「對耶，我還想再開演唱會。」

「這就對了，您要活到一百歲，繼續唱香頌，這樣真的很棒呢。」

聽我這麼一說，這個剛才還說自己「不想活太久」的人，居然回答我：「妳在說什麼啊，我要活到一百二十歲，到時還要開演唱會。」

她竟然這麼說。

雖然很想吐槽說：「咦？妳騙人的吧？怎麼有臉說這種話！」但這也表示，人只要擁有夢想，就能產生這麼大的轉變。我為此而感到驚訝。

為死亡而做的整理，或是只為整理物品而整理，都讓人提不起勁。但是，帶著「在家中開演唱會」的念頭整理，就能誕生夢想與希望。像那位八十三歲還說「想打造一個工作室」的老太太一樣（三十一頁），找到自己原本意想不到的夢想。

同樣是整理，要為了「終活」整理，還是要做好「生前整理」，兩種不同的態度與意願，會讓整理的樂趣完全不同。

後記——

丟東西？到時候再丟就好了吧？

那個可怕的疫情改變了全世界。世界上的人們被迫在家中度過每一天，也重新體會家的重要，再次思考擁有家的意義。

家是人的回歸之處，供人休憩，帶給人安心感，為了迎向明天而養精蓄銳的地方。如果到處都是雜物，家就成了讓人坐立不安的地方，住在裡面的人又將如何面對眼前這緊急的狀態，哪有體力與嚴峻的疫情搏鬥呢？

尤其對年長者來說，家的意義更是重要。因為比起年輕人，長輩們待在家中的時間更長，家更需要是一個令人安心安全，帶來「夢想與希望」的幸福場所。

整理，為的就是帶來這樣的幸福。

可是，近年來似乎出現「整理就是丟東西」的趨勢，我年輕時也有一段時間大量丟棄物品，認為極簡生活很酷。

但是，太過於努力丟東西卻是倒因為果，忘了自己「當初到底為什麼要整理？」我們整理的目的，應該是讓以後的人生能擁有夢想與幸福才對。

我常看見客戶家中明明滿是雜物，餐具櫃裡卻零零落落，抽屜裡也空蕩蕩的情形；這是因為眼中只看到物品，一心只想著要減少，結果看不清整體狀況。就是所謂的見樹不見林，不去看整座森林，只拚了命地修剪其中一棵樹。

重要的不是減少餐具櫃或衣櫥裡的東西，而是將眼前看得到的空間整理得自在舒適；如此一來，就會湧現想在這空間裡做什麼的「夢想與希望」，進而擁有幸福的生活。

「夢想與希望」不會從餐具櫃或衣櫥裡生出來，先有空間才會誕生一切。既然如此，什麼都生不出的餐具櫃或衣櫥裡要怎麼收納整理，之後再去想就好了。

「丟東西？到時候再丟就好了吧？」

正因為「現在」如此重要，請珍惜每個當下，懷抱「夢想與希望」而生活。
這樣一來，就能累積出充滿雀躍與期盼的幸福人生。

囤物族的
不丟東西整理術

別再叫我**斷捨離**！只要**挪動空間**就OK！**不復亂**的收納魔法

作者古堅純子
譯者邱香凝
主編吳佳臻
責任編輯吳秀雲(特約)
美術設計羅婕云

發行人何飛鵬
PCH集團生活旅遊事業總經理暨社長李淑霞
總編輯汪雨菁
行銷企畫經理呂妙君
行銷企劃專員許立心

出版公司
墨刻出版股份有限公司
地址：台北市104民生東路二段141號9樓
電話：886-2-2500-7008／傳真：886-2-2500-7796
E-mail：mook_service@hmg.com.tw
發行公司
英屬蓋曼群島商家庭傳媒股份有限公司城邦分公司
城邦讀書花園：www.cite.com.tw
劃撥：19863813／戶名：書虫股份有限公司
香港發行城邦（香港）出版集團有限公司
地址：香港灣仔駱克道193號東超商業中心1樓
電話：852-2508-6231／傳真：852-2578-9337
城邦（馬新）出版集團 Cite (M) Sdn Bhd
地址：41, Jalan Radin Anum, Bandar Baru Sri Petaling,
57000 Kuala Lumpur, Malaysia.
電話：(603)90563833 ／傳真：(603)90576622 ／E-mail：services@cite.my
製版・印刷漾格科技股份有限公司
ISBN978-986-289-558-0・978-986-289-557-3（EPUB）
城邦書號KJ2011 **初版**2021年05月 **三刷**2023年09月
定價340元
MOOK官網www.mook.com.tw
Facebook粉絲團
MOOK墨刻出版 www.facebook.com/travelmook

國家圖書館出版品預行編目資料

囤物族的不丟東西整理術：別再叫我斷捨離!只要挪動空間就OK!不復亂的收納魔法/古堅純子著；邱香凝譯. -- 初版. -- 臺北市：墨刻出版股份有限公司出版：英數蓋曼群島商家庭傳媒股份有限公司城邦分公司發行, 2021.05
216面；14.8×21公分. -- (SASUGAS；11)
譯自：シニアのためのなぜかワクワクする片づけの新常識
ISBN 978-986-289-558-0(平裝)
1.家庭佈置
422.5　　110004713